U0662342

Unity

开发案例全书

微课视频版

张尧 刘宁宁 ◎编著

清华大学出版社

北京

内 容 简 介

本书深入探讨 Unity 在多个领域的应用，包括但不限于实时渲染、交互设计、建筑可视化、模拟仿真等。

本书第 1 章为新手提供了详尽的 Unity 引擎入门知识；第 2 章～第 3 章，通过两个具体的项目案例，深入探讨了 Unity 在游戏开发领域的应用；第 4 章～第 11 章，进一步拓展了 Unity 的应用领域，涵盖了 AR 识物、VR 项目、答题系统、天气预报系统、聊天室、换装游戏、3D 照片墙以及 ChatGPT 接入等多个项目案例。每个案例都详细讲解了开发流程、功能实现以及关键技术的突破，为读者提供了丰富的实战经验和技能提升机会。此外，本书关注 Unity 的前沿技术和最新发展，介绍最新的工具、插件和最佳实践，帮助读者跟上时代的步伐，不断提升自己的技能。

本书是一本集理论、实践与创新于一体的 Unity 开发宝典，无论是 Unity 新手，还是有一定经验的开发者，都能从中获得宝贵的启示和提升。

版权所有，侵权必究。举报：010-62782989，beiqinquan@tup.tsinghua.edu.cn。

图书在版编目（CIP）数据

Unity 开发案例全书：微课视频版 / 张尧，刘宁宁编著.

北京：清华大学出版社，2025.9. -- ISBN 978-7-302-70064-7

Ⅰ. TP317.6

中国国家版本馆 CIP 数据核字第 2025Z11K91 号

责任编辑：杜　杨
封面设计：墨　白
责任校对：徐俊伟
责任印制：沈　露
出版发行：清华大学出版社
　　　　　网　　　址：https://www.tup.com.cn，https://www.wqxuetang.com
　　　　　地　　　址：北京清华大学学研大厦 A 座　　　邮　　编：100084
　　　　　社 总 机：010-83470000　　　　　　　　　邮　　购：010-62786544
　　　　　投稿与读者服务：010-62776969，c-service@tup.tsinghua.edu.cn
　　　　　质量反馈：010-62772015，zhiliang@tup.tsinghua.edu.cn
印 装 者：三河市人民印务有限公司
经　　销：全国新华书店
开　　本：190mm×235mm　　印　张：15　　字　数：396 千字
版　　次：2025 年 9 月第 1 版　　印　次：2025 年 9 月第 1 次印刷
定　　价：69.80 元

产品编号：109137-01

前　言

读者朋友您好！非常感谢您选择《Unity 开发案例全书（微课视频版）》这本书。

数字化时代下的游戏和交互式应用已经成为我们生活中不可或缺的一部分。Unity 作为全球领先的实时 3D 开发平台，是全球最受欢迎的游戏引擎之一。它不仅在游戏开发领域占据着举足轻重的地位，更在建筑可视化、电影制作、虚拟现实（Virtual Reality，VR）和增强现实（Augmented Reality，AR）等多个领域展现出强大的应用潜力。

Unity 凭借其跨平台、易上手、功能强大等特点，已经成为众多开发者首选的开发工具。目前，市面上的 Unity 书籍大多聚焦于游戏开发和 VR 技术的探讨，然而，这仅仅是 Unity 功能的一小部分。我们深知，Unity 作为一款强大的跨平台开发引擎，其应用领域远不止于此。从简单的 2D 游戏，到复杂的 3D 虚拟现实项目，Unity 都能游刃有余地应对。因此，本书以"Unity 开发案例"为主题，旨在为广大 Unity 爱好者及从业者提供一部全面、实用的案例教程，帮助读者更好地掌握 Unity 的核心技术与应用技巧。

在此，我们衷心希望通过这本书，能为读者在 Unity 游戏与交互应用开发的道路上提供一份有力的支持。

本书内容介绍

本书是一本专为 Unity 开发者设计的实战指南，内容全面且深入，旨在帮助读者精通 Unity 开发。我们希望通过具体案例和实践经验，让读者更加深入地了解 Unity 的潜力和价值，从而能更好地应用它来解决实际问题。

本书第 1 章为新手提供了详尽的 Unity 引擎入门知识，包括 Unity 引擎的基本概念、发展历程、行业地位，以及 Unity 的安装配置、程序运行和编辑器基础操作。通过这一章，读者可以迅速了解 Unity 的工作环境和基本操作。

第 2 章～第 3 章通过两个具体的项目案例，深入探讨了 Unity 在游戏开发领域的应用。其中，第 2 章通过制作 2D 游戏《2048》，详细讲解了游戏设计思路、开发流程以及关键技术的实现。第 3 章则以 3D 迷宫游戏为例，展示了 3D 游戏从设计到开发的完整过程，强调了 3D 建模、场景搭建和摄像机控制等关键技术。

第 4 章～第 11 章进一步拓展了 Unity 的应用领域，涵盖了 AR 识物、VR 项目、答题系统、天气预报系统、聊天室、换装游戏、3D 照片墙以及 ChatGPT 接入等多个项目案例。这些案例不仅展示了 Unity 在游戏开发领域的强大功能，还体现了其在教育、娱乐、社交等多个领域的应用潜力。每个案例都详细讲解了开发流程、功能实现以及关键技术的突破，为读者提供了丰富的实战经验和技能提升机会。

我们相信，这本书不仅能够满足那些对 Unity 游戏开发和 VR 技术已经有所了解的读者的需求，更能够吸引那些对 Unity 的多样性和广泛性感兴趣的读者。通过阅读这本书，读者将会发现，Unity 不仅能够创造出令人惊叹的游戏和 VR 体验，还能够为各个领域带来无限的创新和可能性。

本书特色

↘ 全面覆盖

从基础的游戏开发到前沿的工业应用，本书涵盖了 Unity 在多个行业的应用案例，拓宽了读者的知识视野。

↘ 案例驱动

通过具体的案例分析，本书不仅介绍了 Unity 的技术特点，还展示了如何将这些技术应用到实际项目中，帮助读者理解理论与实践的结合。

↘ 技术深入

每个案例都有详细的技术解析，包括开发过程中遇到的问题和解决方案，为读者提供了宝贵的经验分享。

↘ 易于理解

本书旨在以通俗易懂的语言解释复杂的技术概念，确保不同背景的读者都能从中获益。

目标读者

↘ 游戏开发者

希望提升游戏开发技能，了解最新技术趋势的专业人士。

↘ 学生和教育工作者

正在学习或教授游戏开发和交互式媒体课程的学生和教师。

↘ 行业专业人士

在建筑、电影、VR/AR 等领域工作，并希望探索 Unity 在本行业的应用的专业人士。

↘ 技术爱好者

对 3D 技术和 Unity 平台感兴趣的技术爱好者。

如何使用本书

本书的每章都设计为独立单元，读者可以根据自己的兴趣和需要选择阅读。无论是从头至尾系统地学习，还是作为参考手册查找特殊案例，本书都能满足读者的需求。

本书资源及联系方式

为方便读者学习，本书提供案例源文件，读者请使用手机扫描资源包二维码，将资源下载到计算机中学习使用。

本书在写作过程中虽力求严谨细致，但由于时间与精力有限，书中疏漏之处在所难免。如果在阅读过程中有任何疑问，也请扫描技术支持二维码，与我们取得联系；也可以进入读者交流群，在群内交流学习，共同进步。

资源包   技术支持

致谢

在本书的编写过程中，编者终始秉持"做最好的 Unity 教科书"的理念，努力在有限的篇幅中呈现更多对读者有用的内容，期望可以带领读者快速入门。

本书的写作占据了编者的大部分业余时间，因此本书的出版离不开编者家人的默默支持，在此谨向他们表示诚挚的感谢！同时，也感谢出版社编辑对图书的反复、细致审校，是他们的辛勤工作保证了本书的顺利出版！

我们希望《Unity 开发案例全书（微课视频版）》能够成为读者探索 Unity 世界的指南针，激发读者的创造力，并帮助读者在 3D 开发的道路上更进一步。

最后，祝愿各位读者朋友事业顺利，身体健康。

编者

2025 年 6 月

目 录

第 1 章　进入 Unity 的世界

扫一扫，看视频

欢迎来到 Unity 的世界，它一个充满无限可能的 3D 开发平台。本章将作为入门指南，带领读者领略 Unity 的魅力，并为读者即将开始的探索之旅打下坚实的基础。

不积跬步，无以至千里；不积小流，无以成江海。本章便从基础开始讲解：从 Unity 引擎的发展史到 Unity 的安装与配置运行，从使用 Unity 开发"Hello World"程序到 Unity 的重要视图讲解。去粗取精，讲解真正常用、重要的知识点。

学习一个工具，首先要知道它能做什么，能带来什么，本章便从 Unity 的应用领域介绍 Unity 可以做什么，以及可以为读者带来什么。

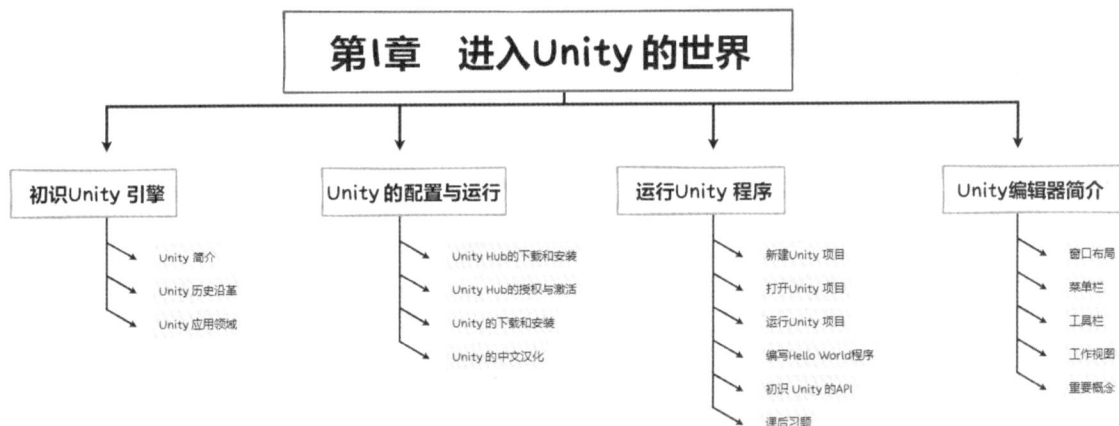

1.1　初识 Unity 引擎

1.1.1　Unity 简介

Unity 引擎是一款国际领先的专业游戏引擎，具有强大的跨平台能力，可极大地缩短游戏的开发周期，节省开发者的时间和创作成本。

Unity 引擎还支持包括 3D 模型、图像、音效、视频等资源的导入，使用 Unity 可以轻松地搭建场景，实现对复杂虚拟世界的创建。

Unity 引擎使开发者能够为二十多个平台创作和优化内容，这些平台包括 iOS、Android、Windows、macOS、索尼 PS4、任天堂 Switch、微软 Xbox One、谷歌 Stadia、微软 Hololens、谷歌 AR Core、苹果 AR Kit、商汤 SenseAR 等。目前 Unity 支持发布的平台如图 1-1 所示。Unity

的强大平台移植能力，让用户无须担心多平台的问题，可以一键将产品发布到相应的平台，节省了大量的开发时间和精力。

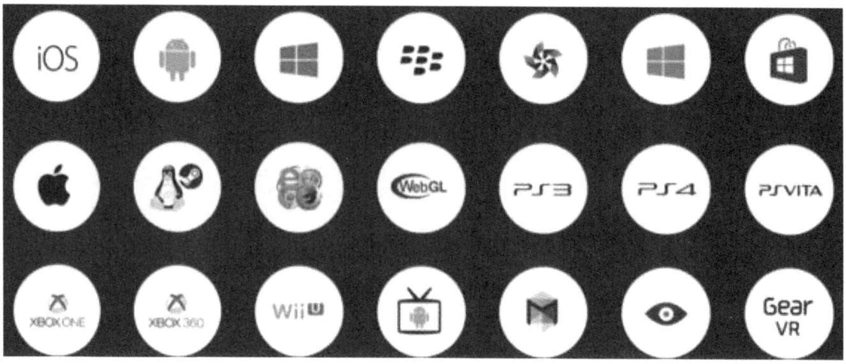

图 1-1　目前 Unity 支持发布的平台

Unity Technologies 作为全球实时 3D 开发领域的领军者，截至 2023 年第三季度，全球员工规模精简至 2500 人，其中 1400 人专注于核心研发，重点攻关 AI 驱动的内容生成、空间计算及工业数字孪生技术。公司深度整合苹果 Vision Pro、Meta Quest 3 等新一代 XR 设备开发接口，并与英伟达 Omniverse、微软 Azure 建立战略技术联盟，实现对 28 个主流平台的优化支持，包括自动驾驶 OS 与工业仿真系统。

Unity 构建了全生命周期的开发者服务矩阵。

（1）创作工具链：AI 辅助工具 Unity Muse 日均调用量突破 1200 万次，Asset Store 资源商店月交易额达 3800 万美元。

（2）商业变现体系：Ads 广告网络年展示量超 1.5 万亿次，Sentis 引擎支持实时嵌入 10 亿级参数的 AI 模型。

（3）全球发行网络：Multiplay 服务器集群覆盖 190 个国家/地区，UDP 平台累计发行游戏超 25 万款，降低 30%跨境合规成本。

2023 年财报显示，公司全年营收同比增长 57%至 21.7 亿美元，其中企业数字孪生服务收入占比提升至 34%。尽管经历战略重组（裁员 25%及分拆 Unity 中国独立运营），其市值仍稳定在 40.2 亿美元（2024 年 1 月数据）。行业权威机构 Gartner 将其评为工业仿真领域"领导者"，*Fast Company* 更授予"2023 全球 AI 创新企业十强"称号，印证其从游戏引擎向产业级 3D 基础设施的转型成功。

数据来源：Unity 2023 年 Q4 财报、Crunchbase 市值统计及 Gartner 魔力象限报告（2023 年 12 月）。

1.1.2　Unity 历史沿革

Unity 引擎从诞生至今，经历了 20 多年的发展，已经逐步成长为全球开发者普遍使用的交互式引擎，占据全功能游戏引擎市场 45%的份额，全世界有 6 亿的玩家在玩使用 Unity 引擎制作的游戏。Unity 引擎市场份额如图 1-2 所示，居全球首位。

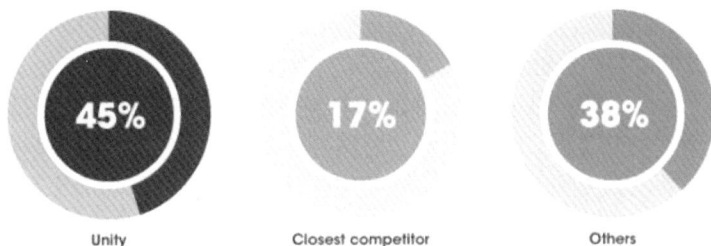

图 1-2　Unity 引擎市场份额

根据 Vision Mobile 公司 2024 年开发者报告中显示，全球各类游戏的解决方案的市场份额中，Unity 引擎占有比例为 47%。使用 Unity 引擎的全球用户已经超过 330 万人，而开发者占有比例有 29%，如图 1-3 所示。

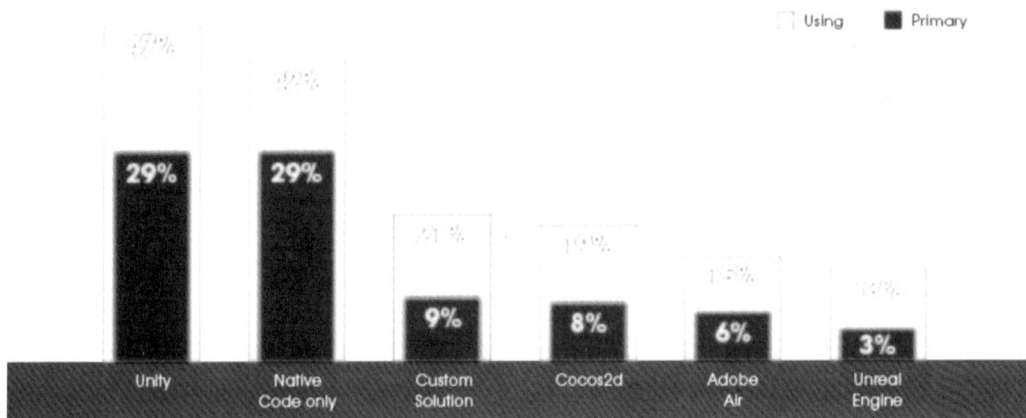

图 1-3　黑色代表用到该解决方案的占比，白色代表主要使用该解决方案的占比

2004 年，在丹麦哥本哈根，Joachim Ante、Nicholas Francis 和 David Helgason 决定一起开发一款易于使用、与众不同并且费用低廉的游戏引擎，帮助所有喜爱游戏的年轻人实现游戏创作的梦想，于是在 2005 年发布了 Unity 1.0。

2007 年，Unity 2.0 发布。新增了地形引擎、实时动态阴影，支持 DirectX 9 并具有内置网络多人联机功能。

2009 年，Unity 2.5 发布。添加了对 Windows Vista 和 Windows XP 系统的全面支持，所有功能都可以与 macOS 实现同步和互通。Unity 在其中任何一个系统中都可以为另一个平台制作游戏，实现了真正意义上的跨平台。很多国内用户就是从该版本开始了解和接触 Unity 的。

2010 年，Unity 3.0 发布。添加了对 Android 平台的支持，整合了光照贴图烘焙，支持遮挡剔除和延迟渲染。Unity 3.0 通过使用 MonoDevelop，实现在 Windows 和 macOS 上的脚本调试，如终端游戏、逐行单步执行、设置断点和检查变量的功能。

2012 年，Unity 上海分公司成立，Unity 正式进军中国市场。同年，Unity 4.0 发布。Unity 4.0 加入了对 DirectX 11 的支持和 Mecanim 动画工具，还增添了 Linux 和 Adobe Flash Player 发布预览功能。

2013 年，Unity 全球用户已经超过 150 万。

截至 2014 年底，Unity Technologies 公司已构建起横跨北美、欧洲及亚太地区的全球化业务网络，在加拿大、中国、丹麦、英国、日本、韩国等 8 个战略枢纽设立分支机构，形成覆盖 150 余个国家和地区的本地化技术服务体系。公司团队规模突破 320 人，其中技术研发人员占比达 68%，核心引擎团队保持 90 人建制，员工来自全球 30 余个不同国家，具备 12 种主要开发语言的专项支持能力。在 2012 至 2014 年间，公司年均增长率高达 45%，引擎版本迭代周期缩短至 3 个月，较行业平均效率提升 2 倍，成功推动开发者社区突破 300 万注册用户规模，奠定了其在移动游戏开发领域的技术标准地位。这一阶段的迅猛发展，为后续 Unity 引擎主导全球 3D 内容开发生态奠定了坚实基础。

2015 年，Unity 5.0 发布。

2016 年 7 月 14 日，Unity 宣布融资 1.81 亿美元，此轮融资也让 Unity 公司的估值达到了 15 亿美元左右。

2019 年，全球最具创新力企业 Top 50 中，Unity Technologies 排名第 18。同年，Unity 中国版编辑器正式推出，其中加入包括中国 Unity 研发的 Unity 优化之云端性能测试和优化工具，还有资源加密、防沉迷工具、Unity 游戏云等中国版才有的功能，针对本土化需求提供服务，方便国内开发者使用。

2020 年 6 月 15 日，Unity 宣布和腾讯云合作推出 Unity 游戏云，从在线游戏服务、多人联网服务和开发者服务三个层次打造一站式联网游戏开发。

2020 年 9 月 18 日，在纽约证券交易所上市（NYSE: U），发行价 52 美元，首日市值突破 180 亿美元。

2021 年 12 月，完成对 AI 语音技术公司 Vivox 的整合，强化游戏内实时通信能力。

2022 年 7 月，以 44 亿美元全股票交易收购移动广告平台 ironSource，构建"创作-变现"闭环生态。

2022 年 8 月，分拆中国业务，成立合资公司 Unity 中国（估值 10 亿美元），由阿里巴巴、米哈游等参投。

2023 年 3 月，收购数字孪生技术公司 Diamonte，加速工业仿真领域布局。

2024 年，市值稳定在 40 亿美元左右，AI 工具订阅收入成新的增长点。

1.1.3　Unity 应用领域

Unity 最开始是一个为了方便游戏开发而制作的游戏引擎，后来向 VR/AR 领域、建筑设计领域、无人驾驶领域、虚拟现实领域拓展，目前都有了成熟的应用方案。

1. ATM 领域的应用（汽车、运输、制造）

工业 VR/AR 的应用场景构建在数字世界与物理世界融合的基础之上，作为衔接虚拟产品和真实产品之间的桥梁，其内容由 Unity 驱动。

全世界所有 VR 和 AR 内容中的 60%均由 Unity 驱动。Unity 的实时渲染技术可以应用于汽车的设计、制造人员培训、制造流水线的实际操作模拟、无人驾驶模拟训练、市场推广展示等各个环节。Unity 最新的实时光线追踪技术可以创造出更加逼真的可交互虚拟环境，让参与者身临其境，感受 VR 的魅力。Unity 针对 ATM 领域的工业解决方案包括 INTERACT 工业 VR/AR 场景开发工具、Perspective 数字孪生软件等。

Unity 在 ATM 领域的客户包括：沃尔沃和 Varjo，使用 VR 技术实现安全驾驶功能，如图 1-4 所示；宝马（BMW），使用 Unity 实时光线追踪技术实现汽车设计可视化；戴姆勒集团子公司 Protics，使用 AR 技术提升从研发、培训到售后等多个环节的效率；雷克萨斯（Lexus），使用实时渲染技术实现市场推广展示；宜家（IKEA Place），允许用户在购买家具之前查看实际效果。

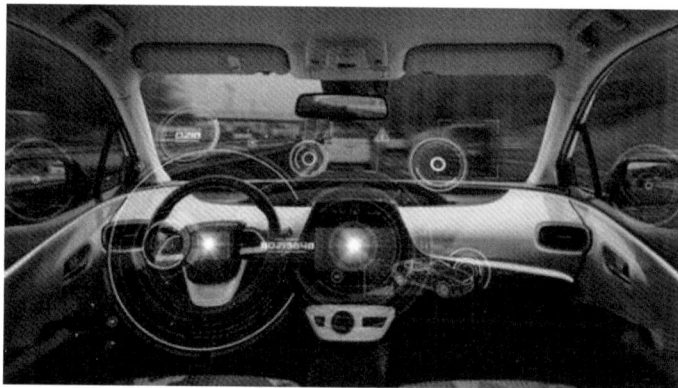

图 1-4　使用 VR 技术实现安全驾驶功能

2．AEC 领域的应用（建筑设计、工程、施工）

对于 AEC 行业的设计师、工程师和开拓者来说，Unity 是用于打造可视化产品以及构建交互式和虚拟体验的实时 3D 平台。高清实时渲染技术配合 VR、AR 和 MR 设备，可以展示传统 CG 离线渲染无法提供的可互动内容。而且在研发阶段，实时渲染可以提供"所见即所得"的能力，让开发者可以进行快速迭代。Unity 针对 AEC 领域的解决方案包括 Unity Reflect，可以一键将模型连同信息转换成 Unity 模型，实现在各种设备上以沉浸、互动的方式审查实时模型，如图 1-5 所示。

图 1-5　在各种设备上以沉浸、互动的方式审查实时模型

全球顶级的 50 家 AEC 公司和 10 家领先汽车品牌中，已有超过一半的公司正在使用 Unity 的技术。

Unity 在 AEC 领域的客户包括：SHoP Architects，为布鲁克林的 9 Dekalb 项目定制了 AR 施工程序；Taqtile，通过 Unity 的 XR 功能加速培训和维护工作；美国建筑公司 Haskell，通过 XR 互动体验解决安全问题；Unity 伦敦办公室，通过高清实时渲染配合 VR 技术来展示真实场景。

3. 游戏领域的应用

据雷锋网统计，全球销量前 1000 名的手机游戏中，与 Unity 有关的作品超过 50%，75%与 AR/VR 相关的内容由 Unity 引擎创建。2019 年至今，中国新发行的游戏中，Unity 技术的应用占比高达 76%。

（1）*In the Valley of Gods*。

制作者们以 20 世纪 20 年代的埃及为背景创作了情节丰富的互动游戏 *In the Valley of Gods*。制作者主要使用了 Unity 强大的 Playables API 和 Mecanim 动画系统，让人物的对话更加流畅，剧情更加真实，物理效果、动画和其他细节都做到了完美。*In the Valley of Gods* 游戏画面如图 1-6 所示。

图 1-6　*In the Valley of Gods* 游戏画面

（2）《死者之书》。

《死者之书》是一款第一人称互动游戏，展示了 Unity 为游戏产品打造高端视觉效果的能力。这个项目使用了 Unity 的高清渲染管线（High Definition Rencler Pipeline，HDRP），以及大量的 Unity 灯光渲染技术和摄像机优化手段。此项目在细节上也颇为重视，包括人物的贴图材质、场景的搭建、河水的流动都力求还原真实，给人眼前一亮的感觉。《死者之书》游戏画面如图 1-7 所示。

图 1-7 《死者之书》游戏画面

（3）Harold Halibut。

Harold Halibut 是一款现代冒险风格的游戏，在剧情、叙事方面表现特别突出，用户体验极佳，提高了玩家线索收集、剧情探索的乐趣。其工作室主要借助了 Unity 的高清渲染管线和照片建模工具呈现定格动画效果，再通过 Unity 的 Timeline 工具和 Cinemachine 插件引入非线性电影效果。Harold Halibut 游戏画面如图 1-8 所示。

图 1-8 Harold Halibut 游戏画面

（4）《炉石传说》。

《炉石传说》是一款由暴雪公司开发的卡牌游戏，回合制的在线比赛游戏融入了《魔兽世界》的所有刺激元素，在多年后仍能凭借众多新功能和强大的实时操作功能引发激烈的竞争。这款游戏使用了 Unity 强大的跨平台能力，可以同时在多个平台发布，有力地占据了市场份额。《炉石传说》游戏画面如图 1-9 所示。

图 1-9　《炉石传说》游戏画面

（5）*War Robots*。

　　War Robots 是一款战争策略游戏，凭借均衡的游戏玩法体验和变现策略成功。其工作室借助 Unity 开发引擎，在较短的时间内尝试了多种游戏玩法，旨在为玩家提供最优质的游戏体验，使用 Unity 粒子特效，大幅提高了战斗的体验。*War Robots* 游戏画面如图 1-10 所示。

图 1-10　*War Robots* 游戏画面

（6）《魔法时代》。

　　《魔法时代》是一款 PRG 类型的游戏，有宝物、英雄、战场、战斗、冲突等多种元素。这些基本的游戏元素在借助 Unity 开发引擎之后，被设计得非常精彩。游戏不仅使用 UGUI 制作了大量的丰富图形界面，还使用 Unity 的 Cinemachine 简化了摄像机的操作和功能，可以进行外观的微调。Unity 强大的开发能力，让这个团队可以在一年多的时间内就推出了这款外观精美的移动版角色扮演游戏。《魔法时代》游戏画面如图 1-11 所示。

图 1-11　《魔法时代》游戏画面

（7）《王者荣耀》。

《王者荣耀》是由腾讯游戏天美工作室群 2015 年发行的 MOBA 手游，是一款运营在 Android、iOS、NS 平台上的 MOBA 类手机游戏，于 2015 年 11 月 26 日在 Android、iOS 平台上正式公测。该游戏借助 Unity 开发引擎，在短时间内便完成上线封测，为公司在 MOBA 类手机游戏竞争中赢得了大量时间。此外，团队还借助了 Unity 的热更新功能和 AssetsBundle 技术快速更新游戏版本。《王者荣耀》游戏画面如图 1-12 所示。

图 1-12　《王者荣耀》游戏画面

（8）《崩坏 3》。

《崩坏 3》是由米哈游科技（上海）有限公司使用 Unity 制作发行的一款角色扮演类手机游戏，该游戏于 2016 年 10 月 14 日通过了全平台公测。

《崩坏 3》借助 Unity 引擎制作了精美的场景和人物形象，通过 Unity 的 Timeline 工具和 Cinemachine 工具，让剧情更加流畅自然。剧情主要讲述了世界受到神秘灾害"崩坏"侵蚀的故事，玩家可扮演炽翎、白夜执事、第六夜想曲、月下初拥、极地战刃、空之律者、原罪猎人等女武神去抵抗崩坏的入侵。《崩坏 3》游戏画面如图 1-13 所示。

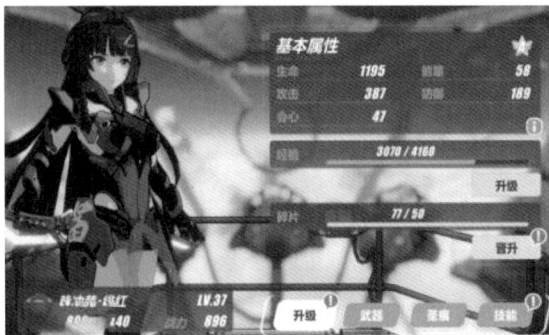

图 1-13　《崩坏 3》游戏画面

1.2　Unity 的配置与运行

本节将介绍不同 Unity 版本之间的优缺点以及功能的增加和版本的更新，Unity Hub 是 Unity 的版本管理中心。下面介绍如何使用 Unity Hub 安装 Unity 以及许可证的申请。

安装完成 Unity 之后，接下来将介绍使用 Unity 新建项目、打开项目以及运行项目的流程，如何使用 Unity 新建脚本、运行脚本，以及常见的 Unity 的 API 功能说明和常用 API 的效果演示。

1.2.1　Unity Hub 的下载和安装

Unity Hub 是 Unity 的版本管理中心，使用 Unity Hub，开发者可以下载 Unity，也可以管理项目，接下来就介绍 Unity Hub 的下载和安装过程。

1. 下载步骤

（1）登录 Unity 的官网主页，如图 1-14 所示（页面内容会根据官网的更新而改变，下载安装界面也可能会随着版本的更新而有所改变）。

图 1-14　Unity 官网主页

（2）进入 Unity 官网之后，单击右上角的"下载 Unity"按钮，进入 Unity 下载页面，如图 1-15 所示。

图 1-15　Unity 下载页面

（3）选择 Unity 2022.3.57f1c2 版本，单击"从 Unity Hub 下载"按钮，此时弹出下载界面，选择保存文件的路径，单击下载按钮，如图 1-16 所示。

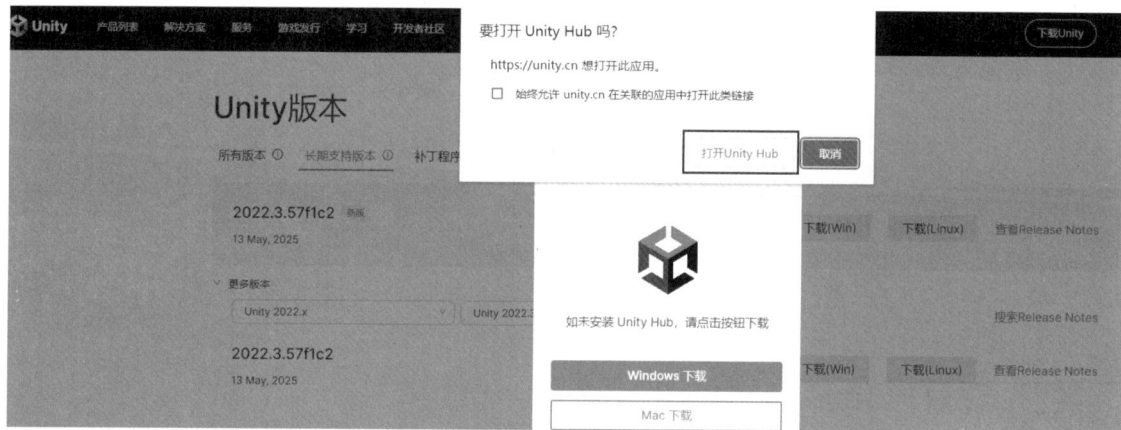

图 1-16　Unity Hub 下载界面

2．安装步骤

（1）下载完成之后，双击下载的文件，如图 1-17 所示。

图 1-17　Unity Hub 安装文件

（2）选择安装位置，如图 1-18 所示。

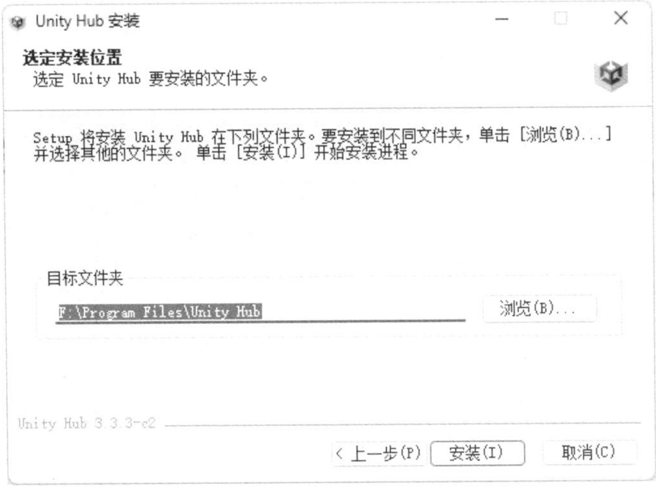

图 1-18　选择 Unity Hub 的安装位置

（3）Unity Hub 安装完成界面如图 1-19 所示。

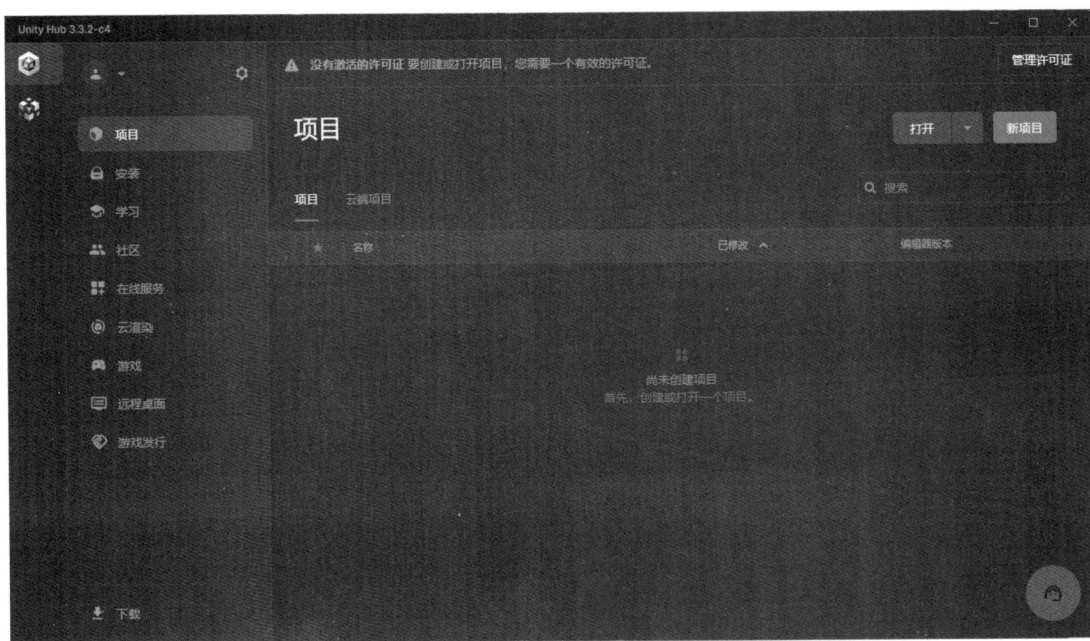

图 1-19　Unity Hub 安装完成界面

1.2.2　Unity Hub 的授权与激活

（1）首先打开 Unity Hub 主界面，然后单击右上角的"管理许可证"按钮，如图 1-20 所示。

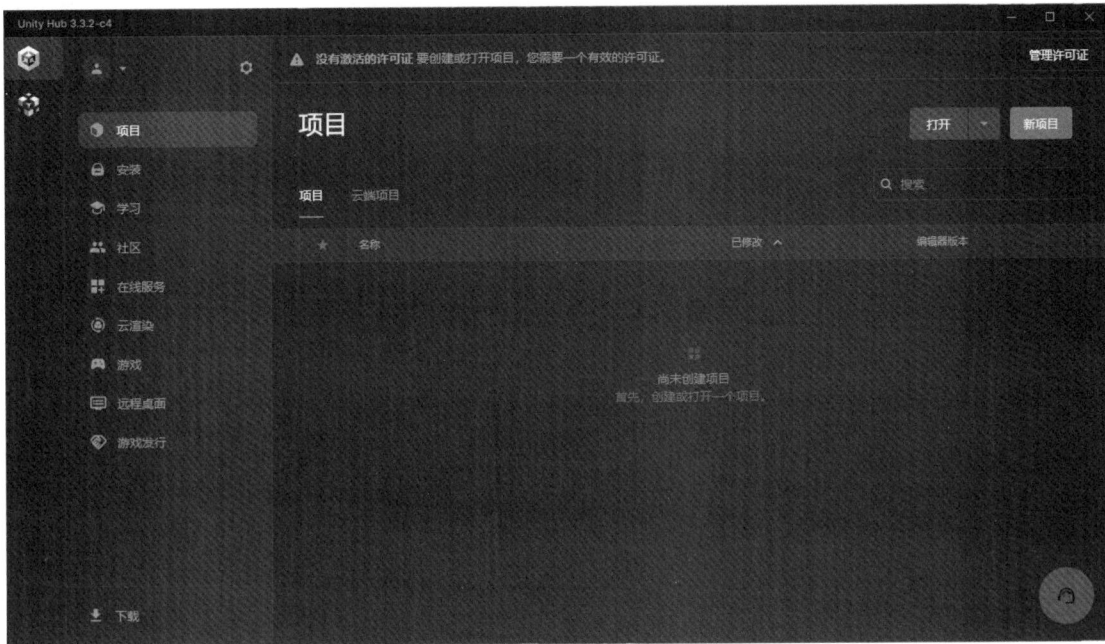

图 1-20　Unity Hub 许可证管理界面

（2）在弹出的窗口中单击"登录"按钮，登录 Unity Hub，如图 1-21 所示。

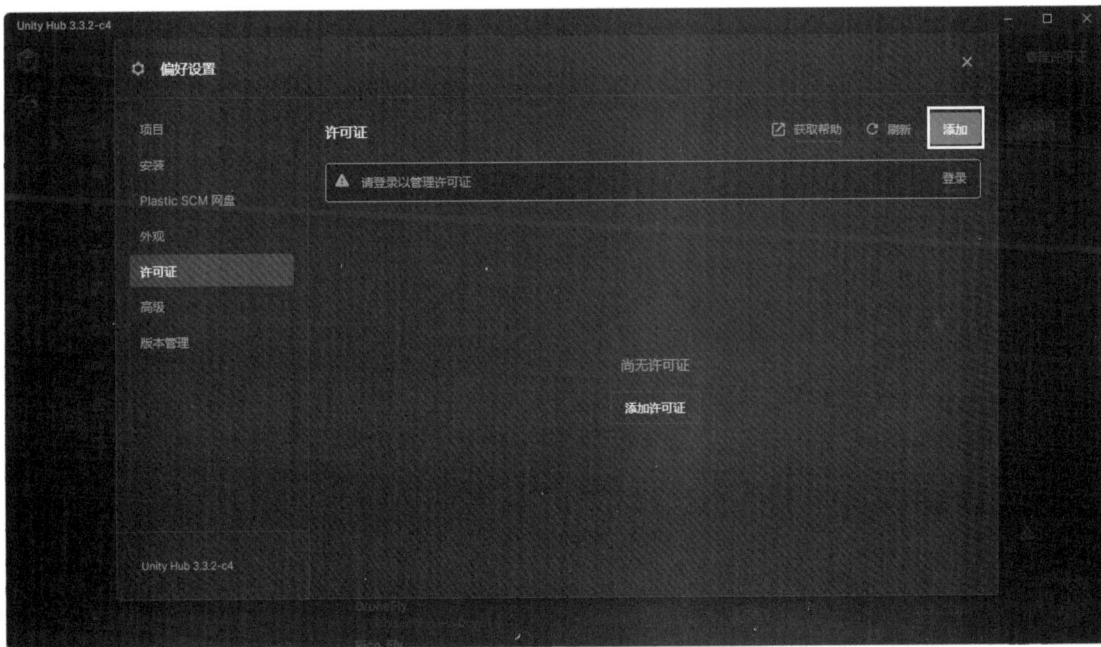

图 1-21　Unity Hub 添加许可证界面 1

（3）输入邮箱和密码，登录 Unity Hub，如图 1-22 所示。

图 1-22　Unity Hub 登录界面

（4）登录完成后，单击"添加许可证"按钮，如图 1-23 所示。

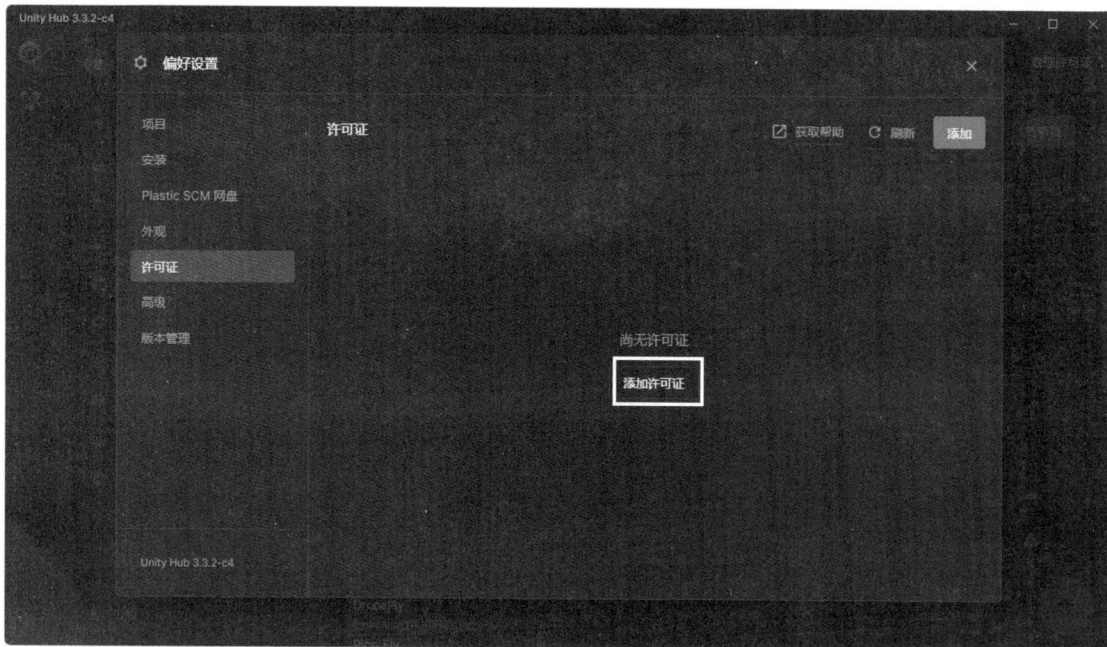

图 1-23　Unity Hub 添加许可证界面 2

（5）选择"获取免费的个人版许可证→同意并取得个人版授权"选项，如图 1-24 所示。

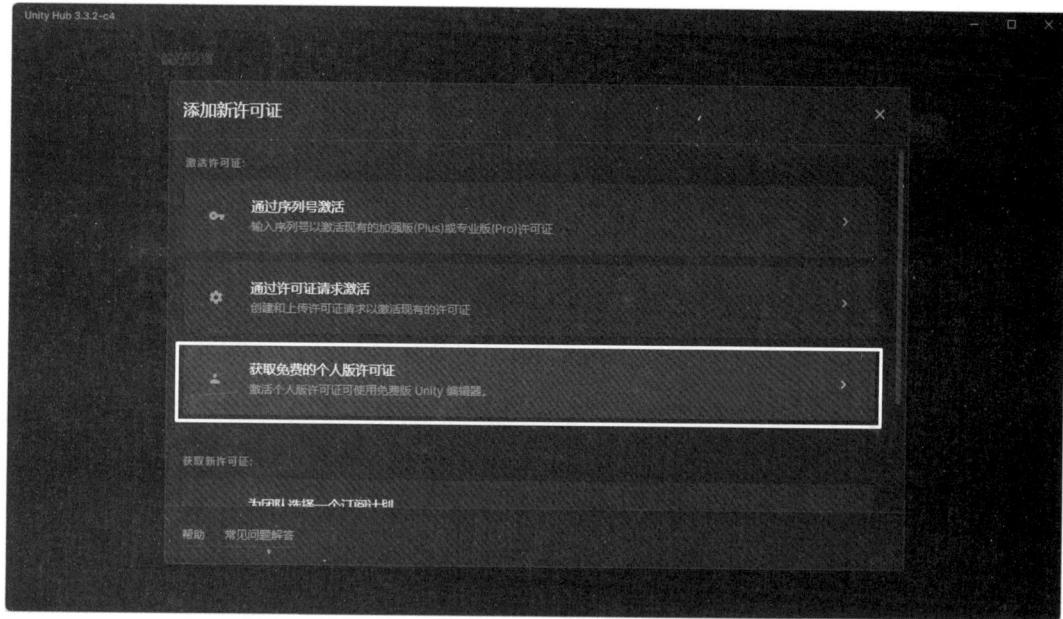

图 1-24　Unity Hub 激活新许可证界面

（6）激活成功，Unity 个人版许可证如图 1-25 所示。

图 1-25　Unity 个人版许可证

1.2.3　Unity 的下载和安装

（1）单击左侧"安装"按钮，然后单击右上角的"安装编辑器"按钮，如图 1-26 所示。

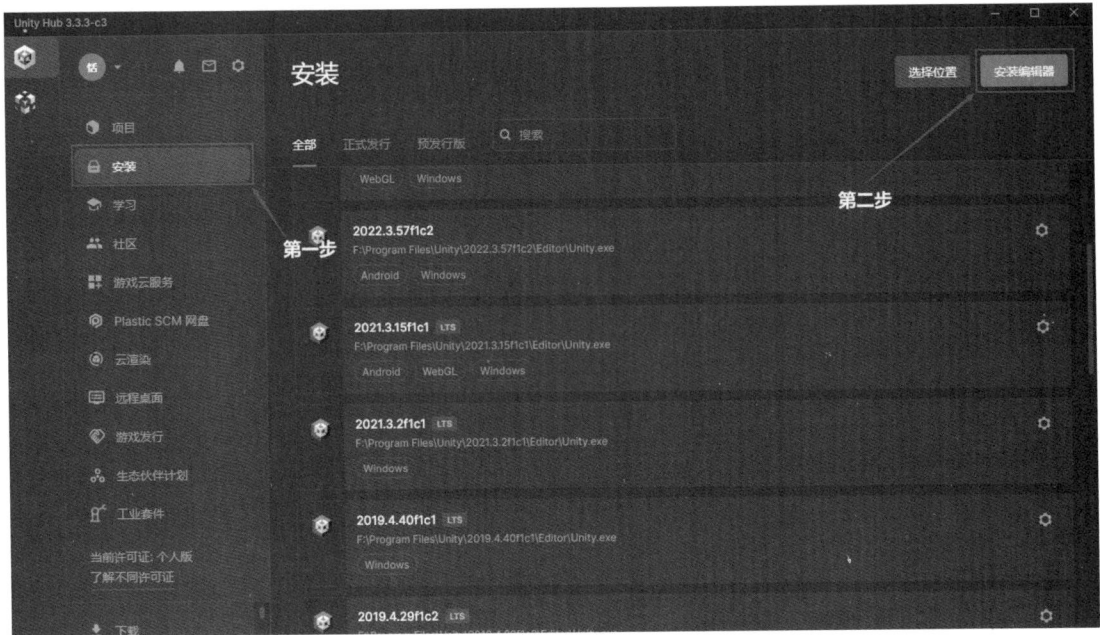

图 1-26　安装 Unity

（2）弹出"安装 Unity 编辑器"窗口，通常这个窗口会放置最新的版本，如果这个窗口中没有显示需要的 Unity 2022.3.57f1c2 版本，就需要单击"存档"链接，如图 1-27 所示。

图 1-27　选择 Unity 安装版本

（3）选择 Unity 2022.x，然后选择 Unity 2022.3.57f1c2 版本，如图 1-28 所示。

图 1-28　选择 Unity 2022.3.57f1c2 版本下载

（4）选择 Unity 2022.3.57f1c2 版本后，单击"从 Unity Hub 下载"按钮，然后单击"打开 Unity Hub"按钮，从 Unity Hub 安装，如图 1-29 所示。

图 1-29　打开 Unity Hub

（5）弹出下载界面，从中选择需要安装的模块，如图 1-30 所示。

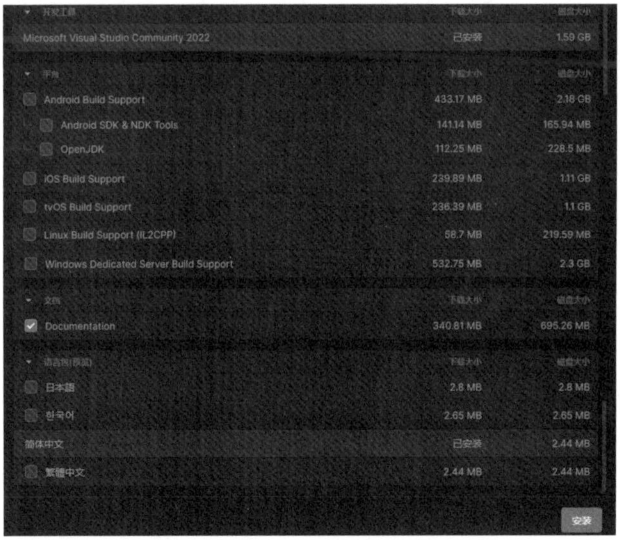

图 1-30　Unity 安装界面

下面介绍图 1-30 中的选项。

● 开发工具：Microsoft Visual Studio Community 2022 是微软公司推出的代码编辑 IDE Visual Studio，开发者用这个 IDE 可以更方便地编辑代码。

● 平台：如果有 Android 平台的发布需要，可以勾选 Android Build Support 复选框；如果有 iOS 平台的发布需求，可以勾选 Mac Build Support(Mono)复选框，以此类推。

● 文档：Unity 离线文档、用户手册，可帮助开发者了解如何使用 Unity Editor 及其相关服务。

● 语言包（预览）：下载不同的语言包，在 Unity 中设置语言模块。

（6）Unity 安装完成，如图 1-31 所示。

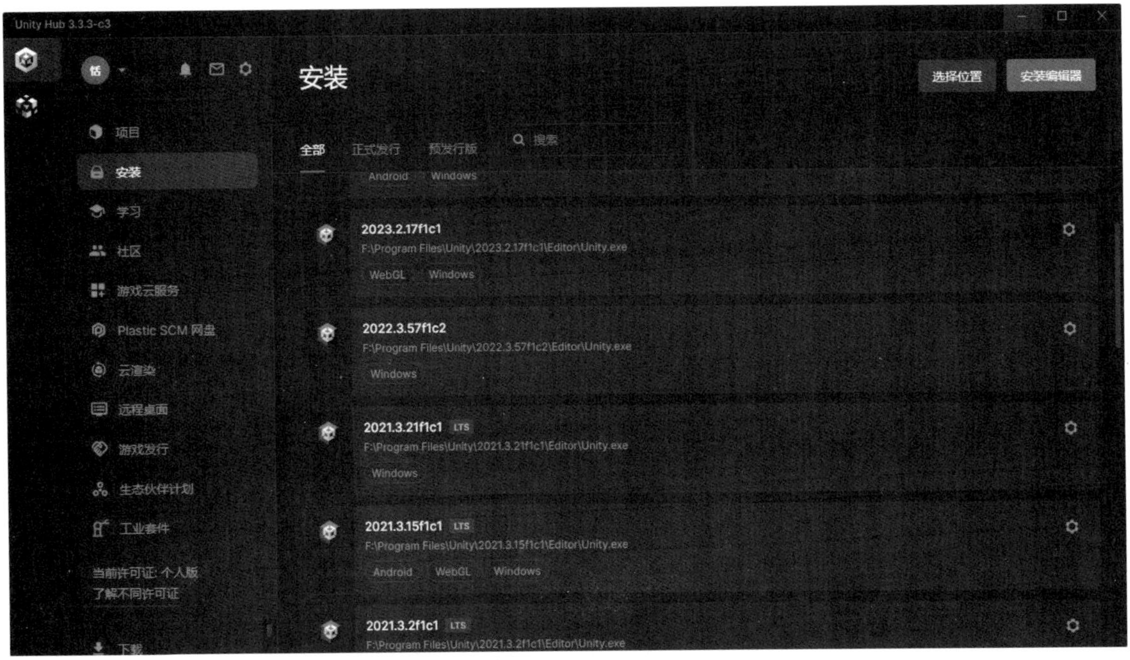

图 1-31　Unity 安装完成界面

（7）Unity 安装完成后，如果想要添加其他模块，只需单击版本右边的小齿轮按钮，然后添加模块，就可以增加其他模块了。

1.2.4　Unity 的中文汉化

使用 Unity Hub 下载了简体中文语言包后，只需新建项目时，在 Unity 编辑器中选择 Edit →Preferences 命令，打开首选项设置，如图 1-32 所示。

在首选项设置窗口中，找到 Languages 语言设置项，如图 1-33 所示，在右边选择简体中文即可。

设置完成后的界面如图 1-34 所示。

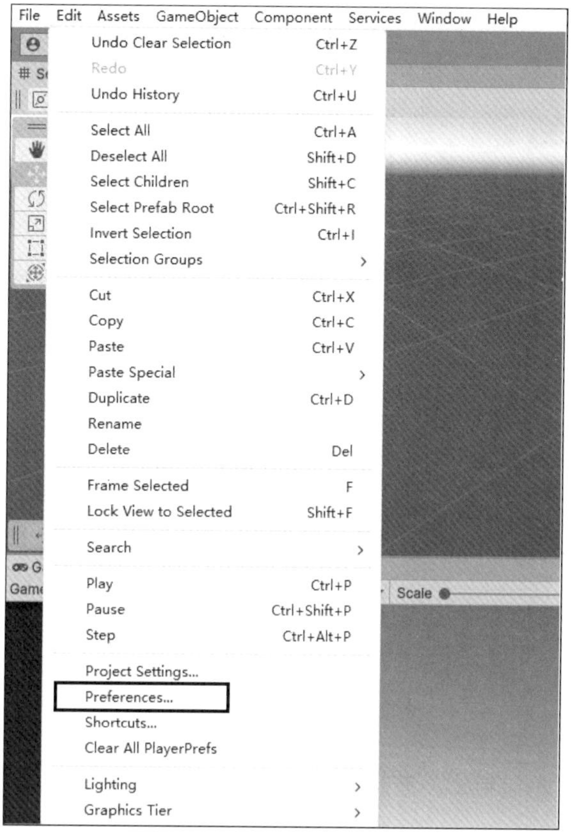

图 1-32　打开 Preferences 设置

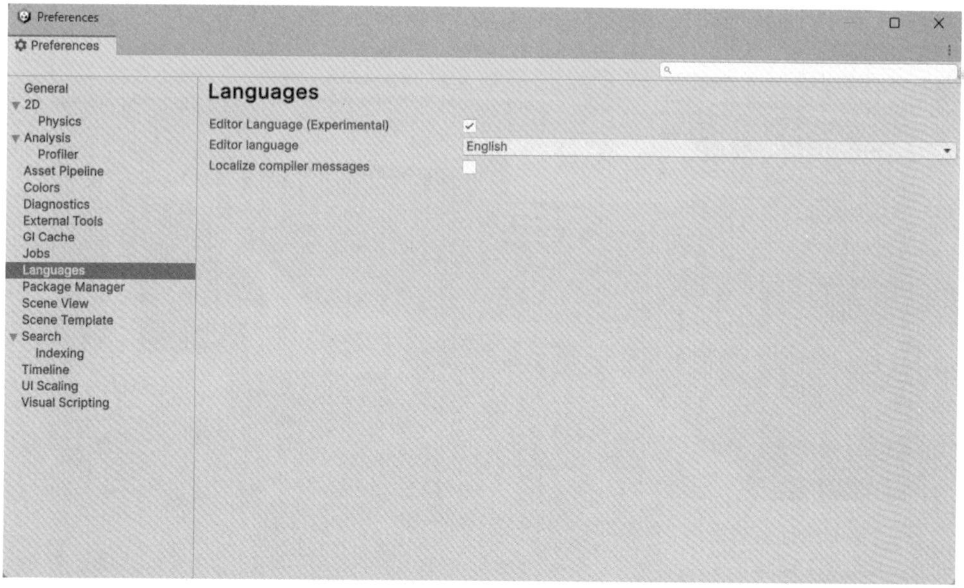

图 1-33　语言设置

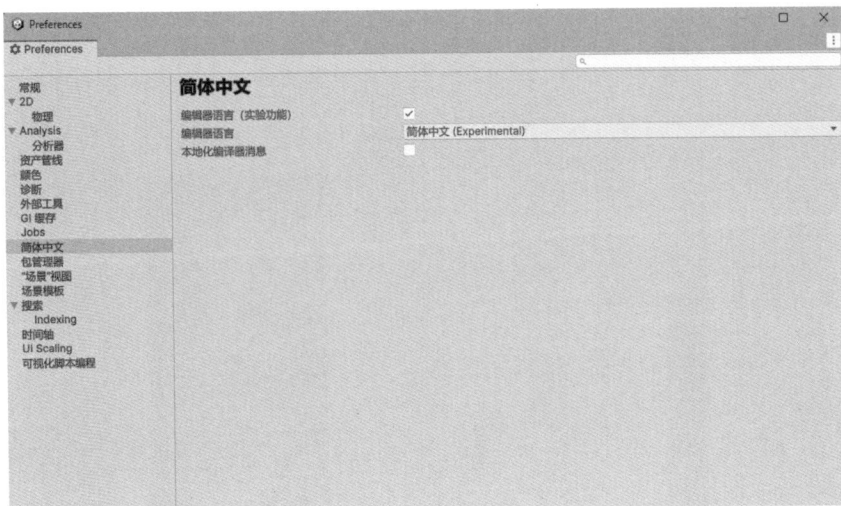

图 1-34　设置简体中文

1.3　运行 Unity 程序

下载安装完 Unity 后，本节将重点介绍如何使用 Unity 新建、打开、运行 Unity 项目，并使用 Unity 开发一个 Hello World 程序。

1.3.1　新建 Unity 项目

（1）双击打开 Unity Hub，弹出 Unity Hub 的主界面，单击"新项目"按钮，新建 Unity 项目，如图 1-35 所示。

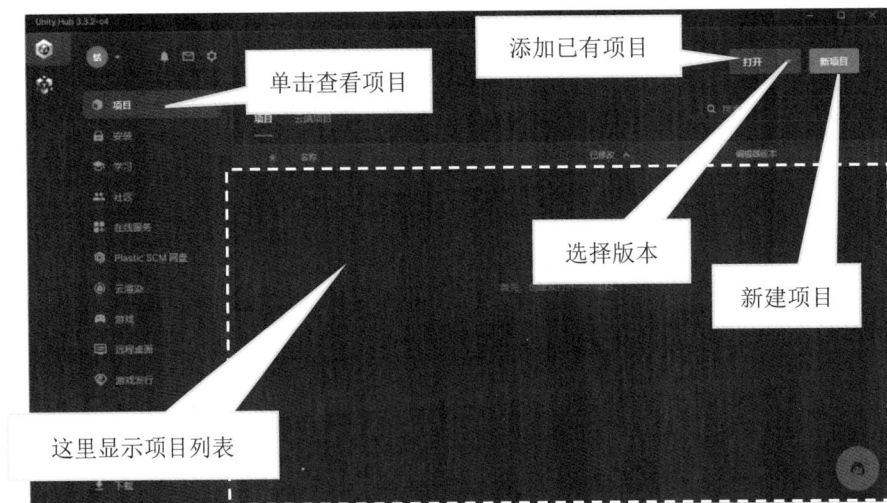

图 1-35　新建项目

（2）选择编辑器版本，在下拉列表中选择 Unity 2022.3.57f1c2 版本，如图 1-36 所示。

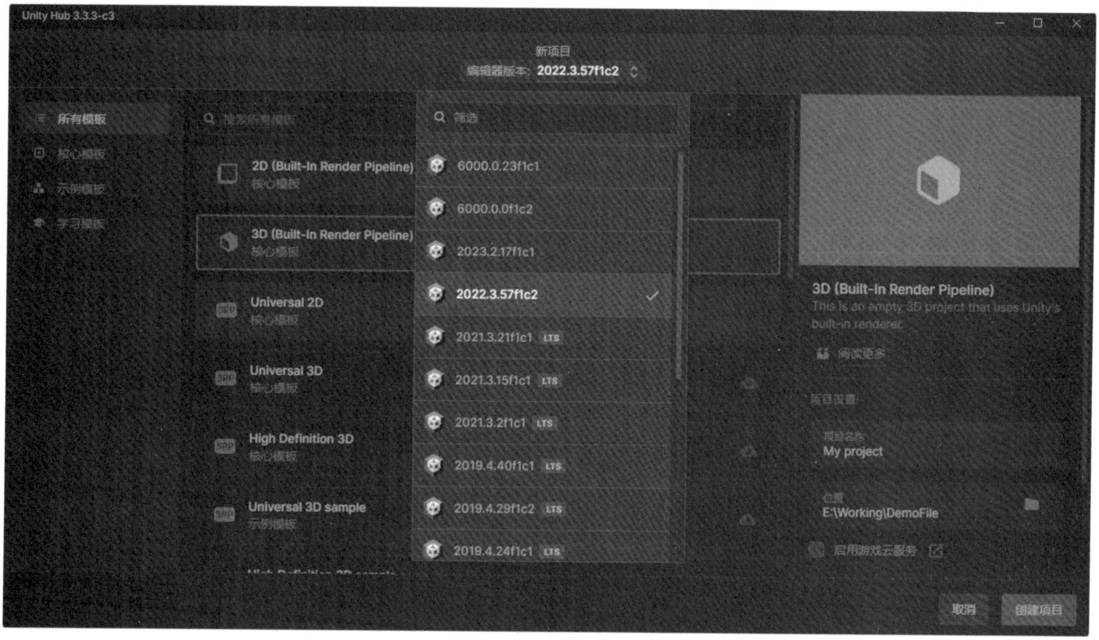

图 1-36　选择 Unity 2022.3.57f1c2 版本

（3）选择 Unity 模板，设置项目名称和位置，再单击"创建项目"按钮，即可创建一个新项目，如图 1-37 所示。

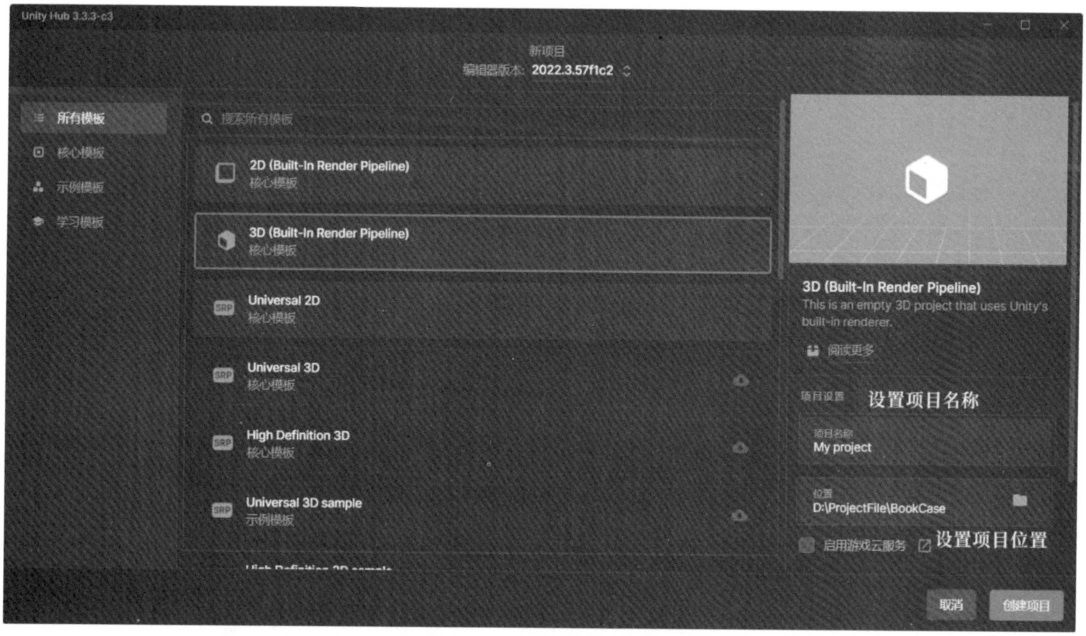

图 1-37　选择 Unity 模板

1.3.2　打开 Unity 项目

在项目列表中可以看到新建的项目和添加的项目，如图 1-38 所示。

图 1-38　项目列表

项目打开之后，可以看到 Unity 的主界面，如图 1-39 所示。

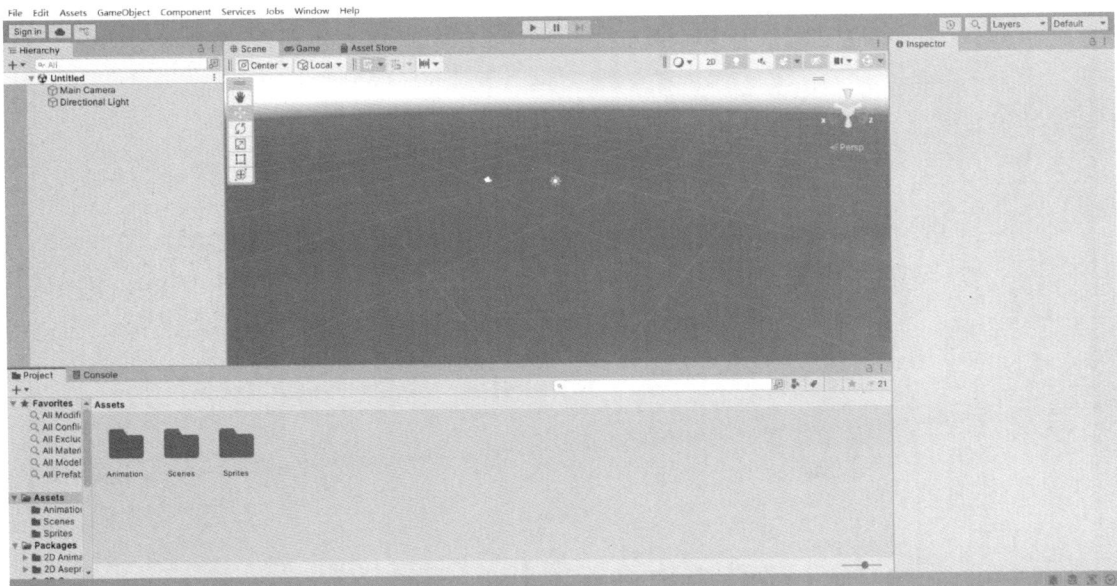

图 1-39　Unity 的主界面

1.3.3 运行 Unity 项目

在 Unity 编辑器主界面中间位置可以看到三个按钮，从左往右分别是运行 ▶、暂停 ❚❚、单步执行 ▶❚，如图 1-40 所示。

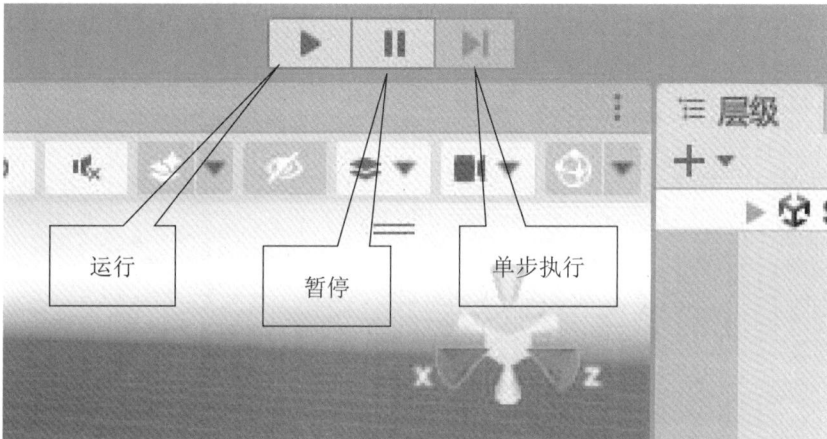

图 1-40　Unity 工具栏

单击工具栏中的运行按钮运行项目，如图 1-41 所示。

图 1-41　Unity 运行界面

1.3.4 编写 Hello World 程序

（1）在 Unity 主界面的下面有一个 Project 视图，在该视图空白处右击，在弹出的快捷菜单中选择 Create→C# Script 命令，新建 C#脚本，如图 1-42 所示。

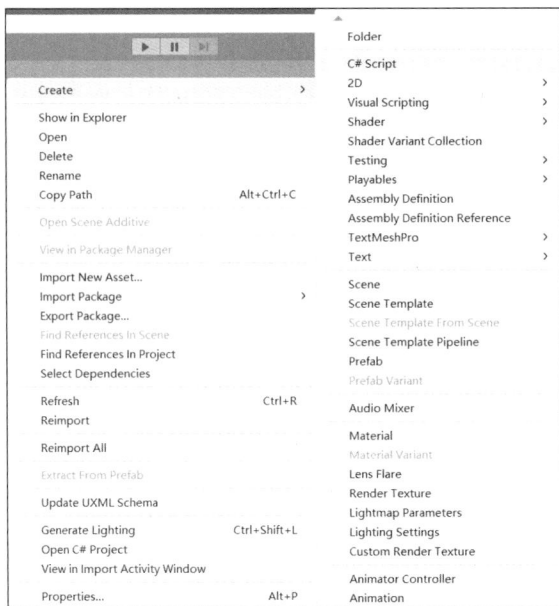

图 1-42　新建 C#脚本

（2）将 C#脚本命名为 Test，最好不要输入中文和纯数字，推荐使用英文，如图 1-43 所示。脚本的后缀名是".cs"，表示这是一个脚本文件。

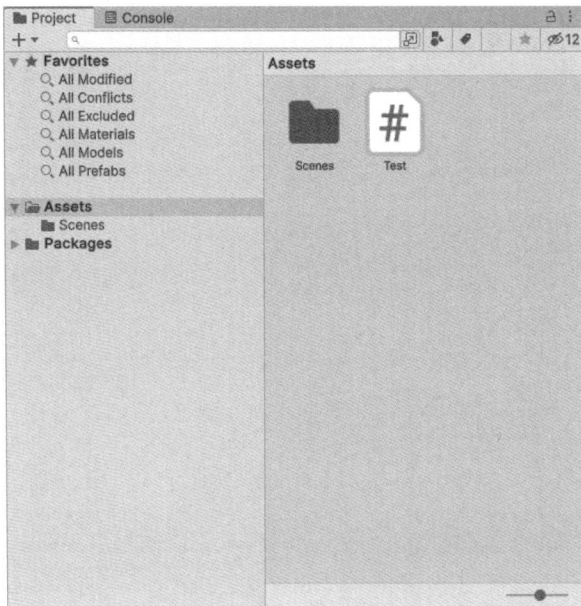

图 1-43　新建的 C#脚本文件

（3）如果已经安装完成 Visual Studio，双击脚本文件就可以直接打开脚本，如图 1-44 所示。

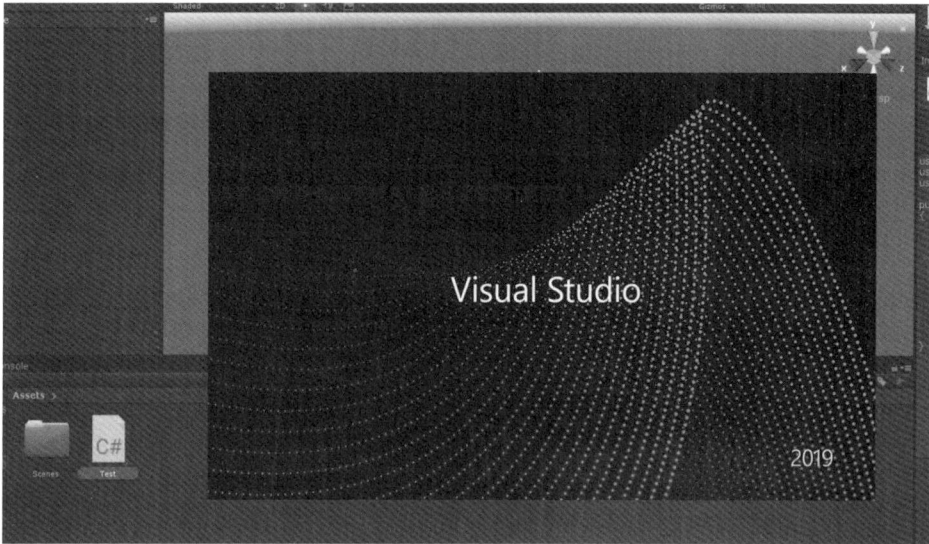

图 1-44　打开 Visual Studio

（4）如果未安装 Visual Studio，可以在 Visual Studio 官方网站下载安装；如果已安装 Visual Studio，但是无法打开脚本，可以选择菜单栏中的 Edit→Preferences 命令，如图 1-45 所示。

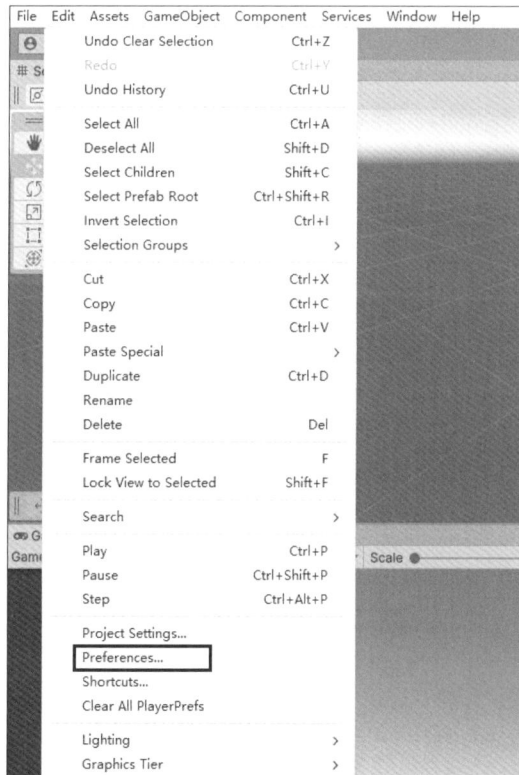

图 1-45　打开 Unity 的 Preferences 设置

（5）单击"External Tools（外部工具）"，找到"External Script Editor（外部脚本编辑器）"，然后单击"Browse（查找）"按钮，找到安装好的 Visual Studio 执行文件即可，如图 1-46 所示。

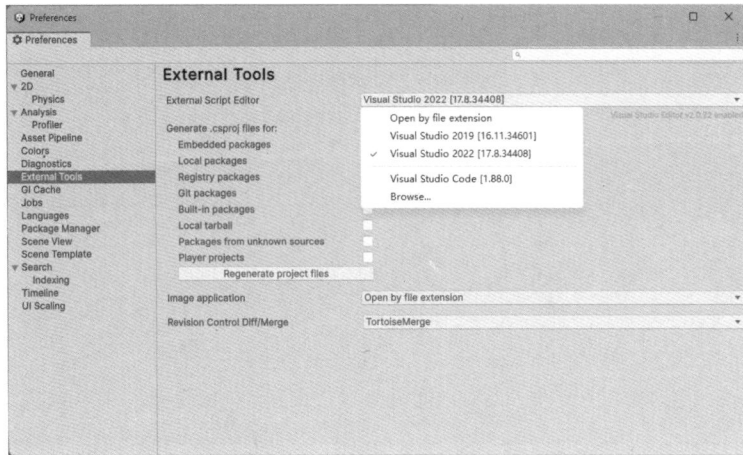

图 1-46　选择外部脚本编辑器

（6）找到 Visual Studio 执行文件，单击"打开"按钮，如图 1-47 所示。

图 1-47　选择 Visual Studio 执行文件

（7）打开新建的 Test.cs 脚本，编写代码，参考代码 1-1。

代码 1-1　用 Unity 编写 Hello World 程序

```
using System.Collections;
using System.Collections.Generic;
using UnityEngine;

public class Test_1_1: MonoBehaviour
{
    //Start is called before the first frame update
    void Start()
    {
        Debug.Log("Hello World");
```

```
    }

    //Update is called once per frame
    void Update()
    {

    }
}
```

（8）代码编译完成后，在 Unity 中拖动脚本到 Main Camera 对象的面板上即可，如图 1-48 所示。

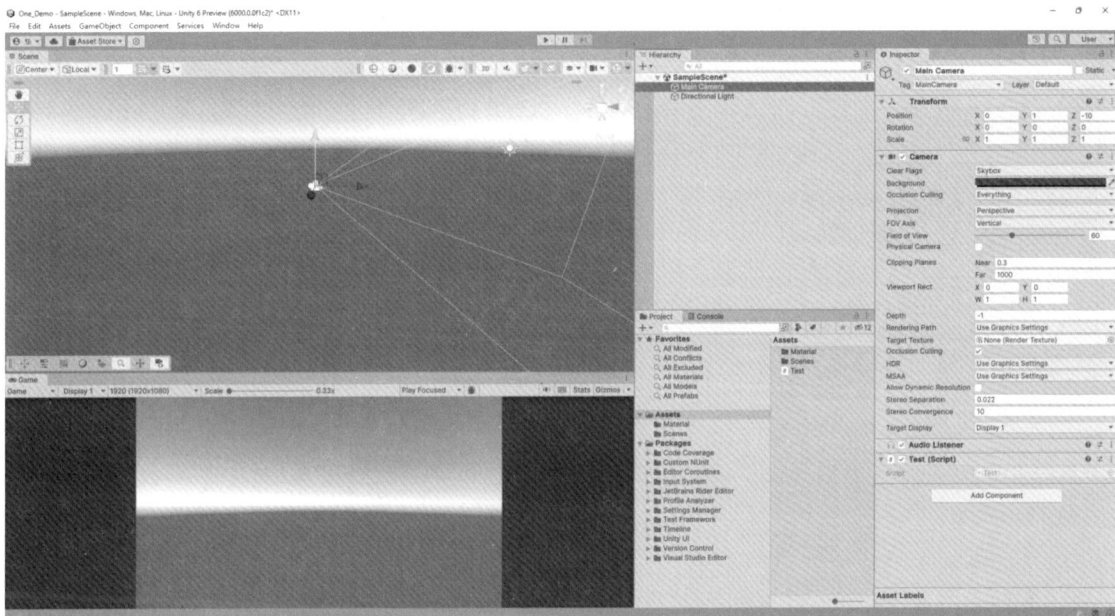

图 1-48　拖动脚本到 Main Camera 对象的面板上

（9）单击"运行"按钮，查看 Console 视图中的结果，运行结果如图 1-49 所示。

图 1-49　在 Console 视图中打印输出结果

1.3.5　初识 Unity 的 API

在 Unity 中有一些常见的 API，也是 Unity 中的必然事件，相当于 C 语言的 Main 函数，这些函数在一定条件下会被自动调用，称为必然事件（Certain Events）。Start 和 Update 这两个函数是 Unity 中最常用的两个事件，因此新建脚本时 Unity 会自动创建这两个函数。

Unity 中常见的 API 及其用途如表 1-1 所示。

表 1-1　Unity 中常见的 API 及其用途

名　　称	触 发 条 件	用　　途
Awake	脚本实例化被创建时调用	用于游戏对象的初始化，注意 Awake 函数的执行早于所有脚本的 Start 函数
Start	在 Update 函数第一次运行之前调用	用于游戏对象的初始化
Update	每帧调用一次	用于更新游戏场景和状态（和物理状态有关的更新应该放在 FixedUpdate 函数中）
FixedUpdate	每个固定物理时间间隔（Physics Time Step）调用一次	用于物理状态的更新
LateUpdate	每帧调用一次（在 Update 函数调用之后）	用于更新游戏场景和状态，与相机有关的更新一般放在这个函数中

1. Awake 函数

Awake 函数在脚本被实例化时调用，是最早执行的函数，早于 Start 函数，常用于游戏对象的初始化。下面就看一下 Awake 函数的使用，参考代码 1-2。

代码 1-2　Awake 函数的使用

```
using System.Collections;
using System.Collections.Generic;
using UnityEngine;

public class Test_2_2: MonoBehaviour
{
    private void Awake()
    {
        Debug.Log("Awake: Hello World");
    }

    void Start()
    {
        Debug.Log("Start: Hello World");
    }
}
```

运行结果如图 1-50 所示。

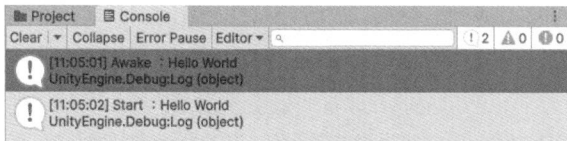

图 1-50　Awake 函数和 Start 函数的执行顺序

从运行结果可以看出，Awake 函数先于 Start 函数执行。

2. Start 函数

Start 函数在脚本被实例化时调用，晚于 Awake 函数，但是先于 Update 函数的第一次运行，常用于游戏对象、参数、变量的初始化。其使用方法见代码 1-2。

3．Update 函数

Update 函数每帧调用一次，用于更新游戏场景和状态（和物理状态有关的更新应该放在 FixedUpdate 里），关于 Update、FixedUpdate、LateUpdate 函数的调用顺序参考代码 1-3。

代码 1-3　Update、FixedUpdate、LateUpdate 函数的调用顺序

```
using System.Collections;
using System.Collections.Generic;
using UnityEngine;

public class Test_2_3: MonoBehaviour
{
    private void Update()
    {
        Debug.Log("Update Event!");
    }

    private void FixedUpdate()
    {
        Debug.Log("FixedUpdate Event!");
    }

    private void LateUpdate()
    {
        Debug.Log("LateUpdate Event!");
    }
}
```

运行结果如图 1-51 所示。

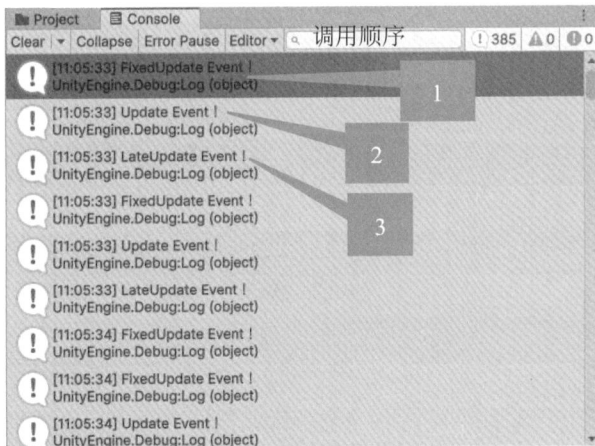

图 1-51　Update、FixedUpdate、LateUpdate 函数的运行结果

4．FixedUpdate 函数

FixedUpdate 函数会在每个固定物理时间间隔（Physics Time Step）调用一次，用于物理状态的更新。其具体用途将在后面的篇幅中详细说明。执行顺序见图 1-51 中的结果。

5．LateUpdate 函数

LateUpdate 函数会每帧调用一次（在 Update 函数调用之后），用于更新游戏场景和状态，与相机有关的更新一般放在这个函数中。其具体用途将在后面的章节中详细说明。执行顺序见图 1-51 中的结果。

1.3.6 课后习题

理解 Awake、Start 函数的调用顺序，并分别使用 Awake、Start 函数按照顺序打印出"你好""世界"两个名词，效果如图 1-52 所示。

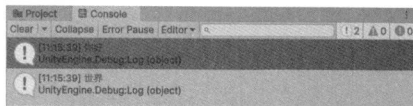

图 1-52 课后习题效果图

1.4 Unity 编辑器简介

上一节介绍了如何在 Unity 中新建脚本、编写脚本以及运行脚本。接下来介绍 Unity 编辑器的界面布局。

Unity 的界面布局直观明了，开放式的布局设计，让使用者可以自由分配面板，设计属于自己的风格。

1.4.1 窗口布局

Unity 编辑器主要由状态栏、菜单栏、工具栏以及常用的视图等内容组成，如图 1-53 所示。

图 1-53 Unity 编辑器的主界面

1．视图窗口

由图 1-53 可以看出，Unity 编辑器的主界面由若干个选项卡窗口组成，这些窗口统称为视图。每个视图都有其特定的功能。下面结合实例对视图进行详细介绍。

2．软件内置窗口布局功能

Unity 编辑器中的视图窗口都是可以自由摆放的，其中 Unity 内置了几套窗口布局。在工具面板的最右边有一个 Layout 按钮，单击该按钮会弹出下拉菜单，能看到各种窗口布局，如图 1-54 所示。

下面介绍 5 种内置的窗口布局方式。

（1）2 by 3 窗口布局方式：Scene 视图和 Game 视图直接占据了编辑器的整个左半部分空间,这样摆放的优点是在 Scene 视图中调整物体之后可以在 Game 视图中直接看到效果，方便调试，布局效果如图 1-55 所示。

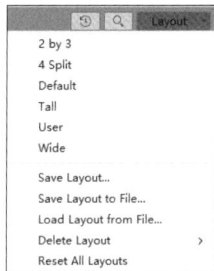

图 1-54　Unity 编辑器的内置窗口布局

图 1-55　2 by 3 窗口布局方式

（2）4 Split 窗口布局方式：添加了 4 个不同坐标参照轴的 Scene 视图，分为侧视图、俯视图、正视图和正常视图，可以在不同的角度观察场景和对象的效果，适合在修改模型坐标相对位置时使用，布局效果如图 1-56 所示。

图 1-56　4 Split 窗口布局方式

（3）Default 窗口布局方式：Hierarchy 视图在左边，Inspector 视图在右边，然后 Game 视图和 Scene 视图在中间，Project 视图在下边，这种默认方式是 Unity 官方比较推荐的布局方式。这种布局方式的优点是，资源调用方便，可以在 Project 视图中找到对象资源，然后放入场景中；在 Scene 视图中选中物体，可以在旁边的 Inspector 视图看到这个物体的属性，方便修改与调试，布局效果如图 1-57 所示。

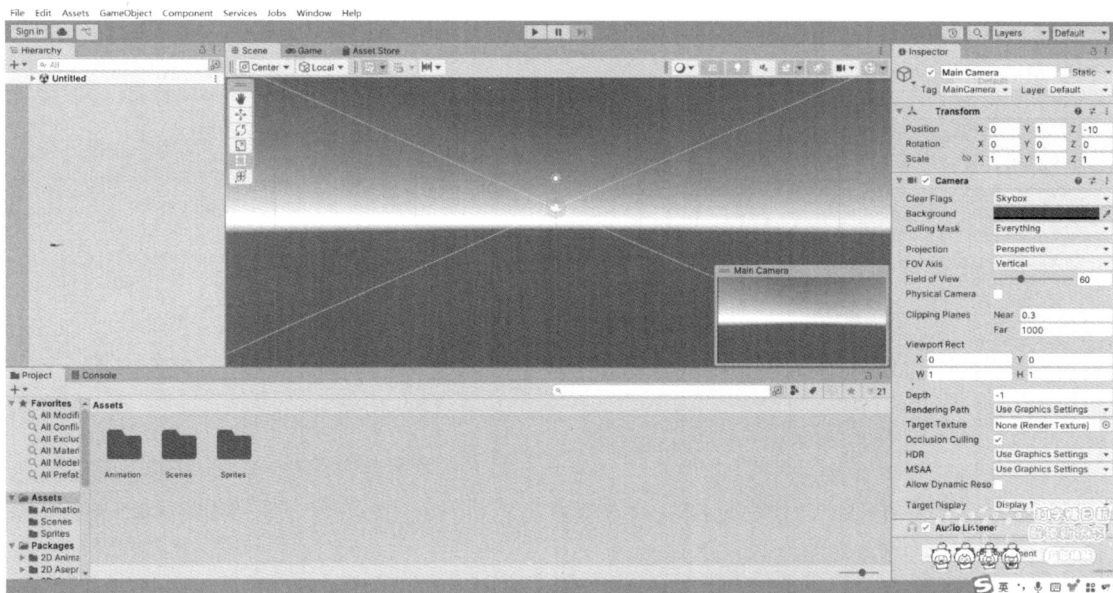

图 1-57　Default 窗口布局方式

（4）Tall（高屏）窗口布局方式：这种布局方式主要是为了适配高屏显示器的效果，布局方式上下拉长，在高屏上可以显示更多的内容，不会显得布局太窄，布局效果如图 1-58 所示。

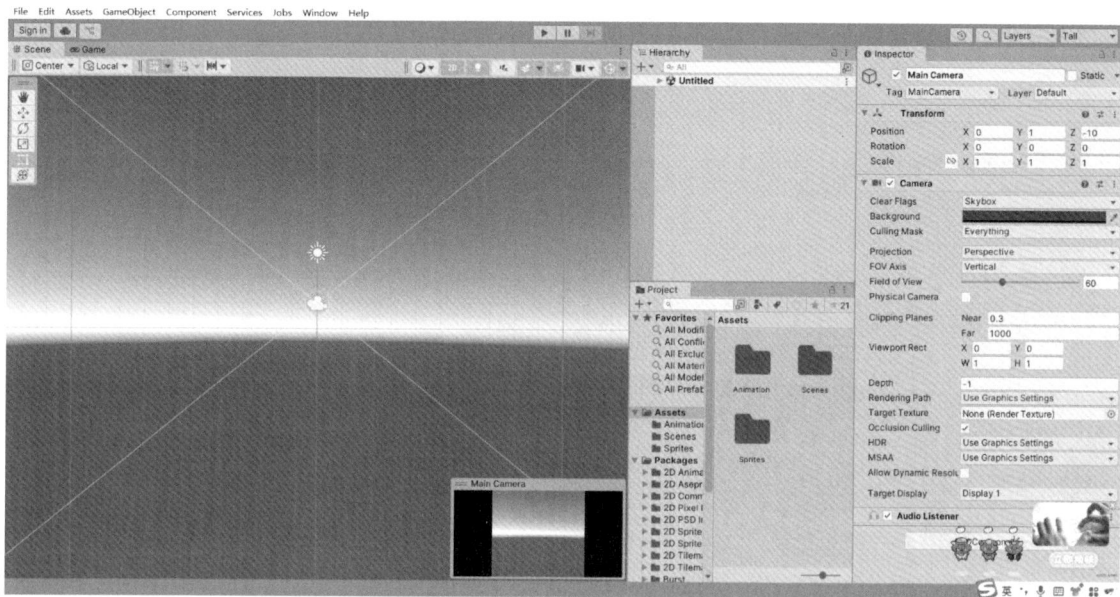

图 1-58　Tall（高屏）窗口布局方式

（5）Wide（宽屏）窗口布局方式：这种布局方式是为了适配宽屏显示器的效果，布局方式左右拉长，在宽屏显示器上显示效果更好，布局更舒服，布局效果如图 1-59 所示。

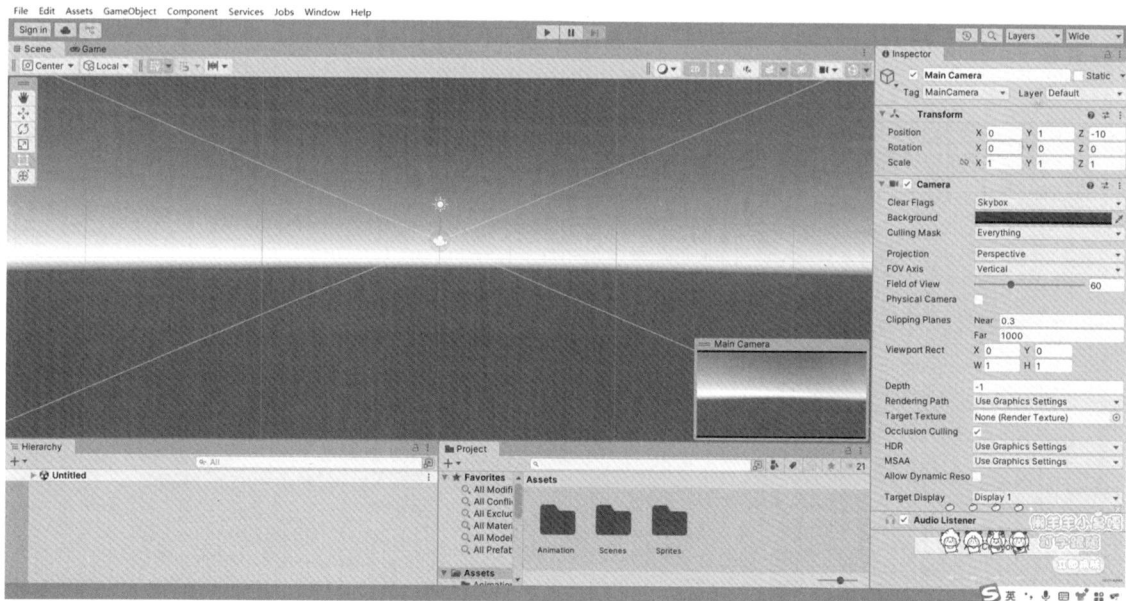

图 1-59　Wide（宽屏）窗口布局方式

3. 自定义窗口布局

Unity 编辑器具有很高的自由度和界面定制功能，用户不仅可以根据自身的喜好和工作需要定制界面，还可以通过拖动的方式将窗口停靠到任意视图的旁边。

例如，依据上面所说的操作，首先切换到 2 by 3 窗口布局方式，然后将 Project 视图拖动到 Hierarchy 视图下面，如图 1-60 所示。

图 1-60　自定义 Unity 编辑器界面

对于设置好的窗口布局，可以单击工具面板最右边的 Layout 按钮，然后在弹出的下拉菜单中单击 Save Layout 按钮进行保存，如图 1-61 所示。

此时会弹出 Save Layout 对话框，在该对话框中输入自定义的布局名称，单击 Save 按钮保存布局，如图 1-62 所示。

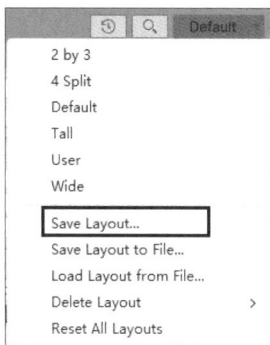

图 1-61　保存界面布局

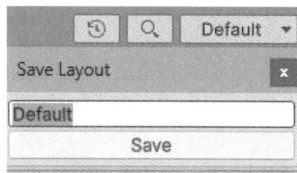

图 1-62　Save Layout 对话框

1.4.2 菜单栏

菜单栏集成了 Unity 的所有功能，通过菜单栏的学习，读者可以对 Unity 的各项功能有直观而清晰的了解。Unity 默认有 7 个菜单项，分别是 File、Edit、Assets、GameObject、Component、Window 和 Help，如图 1-63 所示。

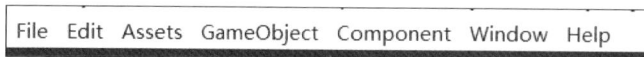

图 1-63　Unity 菜单栏

接下来介绍菜单栏中的每个菜单项。

1．File（文件）菜单

File（文件）菜单包含创建、打开场景以及项目工程，打包发布程序，关闭编辑器等功能，如图 1-64 所示。

- New Scene（新建场景）：创建一个新的场景。
- Open Scene（打开场景）：打开一个已经保存的场景。
- Save（保存）：保存一个正在编辑的场景。
- Save As（将场景另存为）：把正在编辑的场景另存为一个场景。
- New Project（新建项目）：创建一个新的项目。
- Open Project（打开项目）：打开一个已经保存的项目。
- Save Project（保存项目）：保存一个正在编辑的项目。
- Build Settings（发布设置）：设置发布程序的平台及参数。
- Build And Run（发布并运行）：发布并运行打包的程序。
- Exit（退出）：退出编辑器。

图 1-64　File 菜单

2．Edit（编辑）菜单

Edit（编辑）菜单包含撤销、复制、粘贴、查找、首选项设置、运行、暂停、逐步运行以及项目设置等功能，如图 1-65 所示。

- Undo（撤销）：回到上一步的操作。
- Redo（取消撤销）：使用该功能可以返回上一步撤销的操作。
- Cut（剪切）：选择某个对象剪切。
- Copy（复制）：选择某个对象复制。
- Paste（粘贴）：复制或者剪切后，可以把该对象粘贴到其他位置。
- Duplicate（复制）：复制选中的物体。
- Delete（删除）：删除选中的对象。
- Frame Selected（聚焦选择）：选中一个物体后，使用此功能可以把视角移动到这个选中的物体上。
- Lock View to Selected（锁定视角到所选）：选中一个物体

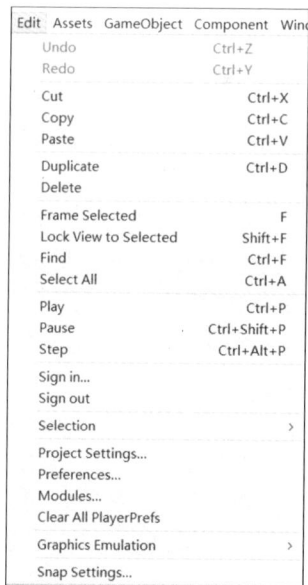

图 1-65　Edit 菜单

后，使用此功能可以把视角移动到这个选中的物体上，视角会跟随所选对象的移动而移动。

- Find（查找）：可以在资源搜索栏中输入对象名称来找到对象。
- Select All（全选）：选中场景中的所有对象。
- Play（运行）：单击可以运行项目。
- Pause（暂停）：单击可以暂停运行的项目。
- Step（逐步运行）：可以一帧一帧的方式运行游戏，每单击一次，运行一帧。
- Sign in（登录）：登录 Unity。
- Sign out（注销）：注销。
- Selection（所选对象）：保存所选对象或者载入保存的所选对象。
- Project Settings（项目设置）：设置项目的输入、音频、计时器等属性。
- Preferences（首选项设置）：设置 Unity 的外观、脚本编辑工具、SDK 路径等。
- Modules（模块设置）：查看 Unity 中的模块及其版本。
- Clear All PlayerPrefs（清理所有存档）：清理所有本地持久化数据。
- Graphics Emulation（图形处理模拟器）：可以模拟不同的图形处理 API 或者设备来预览或测试游戏在不同环境下的表现。
- Snap Settings（捕捉设置）：在编辑场景中，设置对对象进行移动、旋转和缩放的数值。

3．Assets（资源）菜单

Assets 菜单提供了对游戏资源进行管理的功能，如图 1-66 所示。

- Create（创建）：创建各种资源。
- Show in Explorer（打开资源所在的文件目录）：打开资源所在的文件目录。
- Open（打开）：选择某个资源后，根据资源类型打开文件。
- Delete（删除）：删除某个资源。
- Rename（重命名）：给资源重命名。
- Copy Path（复制目录）：复制资源目录路径。
- Import New Asset（导入新的资源）：通过目录浏览器导入资源。
- Import Package（导入包）：导入包资源来使用，包的后缀为.UnityPackage。
- Export Package（导出包）：将所选资源打包成一个包文件。
- Find Referneces In Scene（在场景中找到资源）：选择某个资源后，通过该功能可以在游戏场景中定位到使用该资源的对象。使用该功能后，场景中没有利用该资源的对象会以黑白色来显示，使用了该资源的对象会以正常的方式显示。

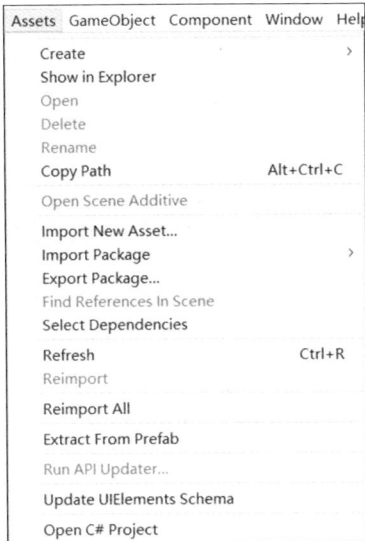

图 1-66　Assets 菜单

- Select Dependencies（选择依赖资源）：选择某个资源后，通过该功能可以显示该资源所用到的其他资源。例如，模型资源还依赖贴图资源和脚本等。
- Refresh（刷新资源列表）：对整个资源列表进行刷新。
- Reimport（重新导入）：对某个选中的资源进行重新导入。
- Run API Updater（进行 API 更新）：进行 API 的更新，使 API 满足版本功能要求以及脚本编写规范。
- Update UIElements Schema（更新界面）：对整个界面进行更新。
- Open C# Project（打开 C#工程）：打开可以编辑 C#脚本的编辑器。

4．GameObject（游戏对象）菜单

GameObject 菜单提供了创建和操作各种游戏对象的功能，如图 1-67 所示。

- Create Empty（创建空对象）：创建一个空游戏对象。
- Create Empty Child（创建空子物体）：创建一个游戏对象的空子物体。
- 3D Object（3D 对象）：创建 3D 对象，如立方体、球体、平面等。
- 2D Object（2D 对象）：创建 2D 对象，如 Sprite（精灵）。
- Effects（粒子）：创建粒子特效对象。
- Light（灯光）：创建各种灯光，如点光源、聚光灯等。
- Audio（音频）：创建一个音频。
- UI（用户界面）：创建 UI 对象，如文本、图片、按钮、滑动条等。
- Camera（摄像机）：创建一个摄像机。
- Center On Children（对齐父物体到子物体）：将父物体对齐到子物体的中心。

图 1-67　GameObject 菜单

- Make Parent（创建父物体）：选中多个物体后，将选中的物体组成父子关系，其中在层级视图中最上面的那个是父节点。
- Clear Parent（取消父子关系）：取消某个子物体与父物体之间的关系。
- Set as first sibling（设置为第一个子对象）：使选中的物体改变到同一级的第一个位置。
- Set as last sibling（设置为最后一个子对象）：使选中的物体改变到同一级的最后一个位置。
- Move To View（移动到场景视图）：将某个对象移动到场景视图的中心。
- Align With View（对齐到场景视图）：将某个对象对齐到场景视图。
- Align View to Selected（对齐场景视图到选择的对象）：将场景的视觉对齐到某个选择的对象上。
- Toggle Active State（切换活动状态）：使选中的对象激活或失效。

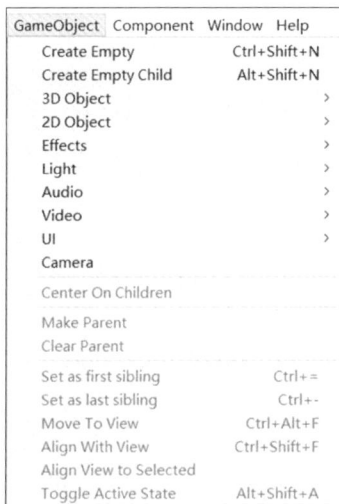

5. Component（组件）菜单

Component 菜单可以为游戏对象添加各种组件，如碰撞盒组件、刚体组件等，如图 1-68 所示。

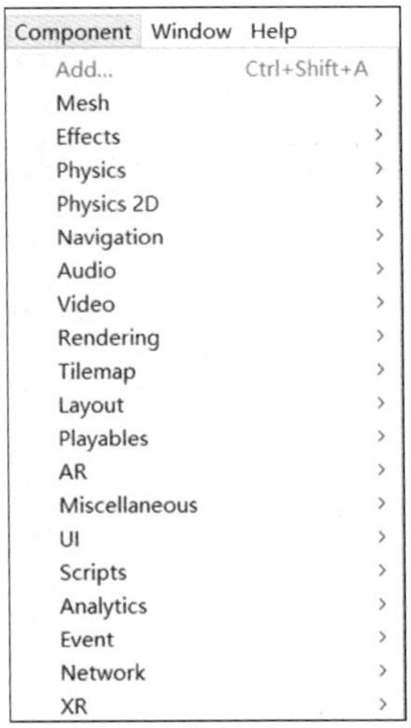

- Add（添加）：为选中的物体添加某个组件。
- Mesh（面片组件）：添加与面片相关的组件，如面片渲染、文字面片、面片数据等。
- Effects（粒子）：添加粒子特效组件，如武器拖尾、火焰特效等。
- Physics（刚体组件）：为对象添加刚体、碰撞盒等组件。
- Physics 2D（2D 刚体组件）：为对象添加 2D 的刚体、碰撞盒等组件。
- Navigation（导航组件）：添加寻路系统组件。
- Audio（音频组件）：为对象添加音频等组件。
- Video（视频组件）：为对象添加视频等组件。
- Rendering（渲染组件）：为对象添加与渲染相关的组件，如摄像机、天空盒等。
- Tilemap（瓦片地图组件）：为对象添加瓦片地图组件。
- Layout（布局组件）：为对象添加布局组件，如画布、垂直布局、水平布局等。
- Playables（定制动画组件）：2018 版新增功能，Playables 组件可以混合和修改多个数据源，并通过单个输出流来播放。
- AR（AR 组件）：添加 AR 组件。
- Miscellaneous（杂项）：为对象添加动画组件、锋利组件、网络同步组件等。
- UI（UI 组件）：添加 UI 组件，如 UI 文本、图片、按钮等。
- Scripts（脚本组件）：添加 Unity 自带的或者由开发者自己编写的脚本，在 Unity 中，一个脚本相当于一个组件，可以像使用组件一样来使用。
- Analytics（数据分析组件）：添加数据分析组件，可以监控游戏的使用情况、内存占用情况等。
- Event（事件组件）：添加与事件相关的组件，如事件系统、事件触发器等。
- Network（网络组件）：添加网络相关组件。
- XR（VR/AR/MR 组件）：添加 VR/AR/MR 组件。

图 1-68　Component 菜单

6. Window（窗口）菜单

Window 菜单提供了与编辑器相关的菜单布局选项，如图 1-69 所示。

- Next Window（下一个窗口）：从当前视图切换到下一个窗口。
- Previous Window（上一个窗口）：切换到上一个窗口。
- Layouts（窗口布局）：可以选择不同的窗口布局。

- Asset Store（资源商店）：可以打开 Unity 的资源商店。
- Package Manager（包管理）：2018 版新增功能，可以使用资源包管理。
- TextMeshPro（文字窗口）：可以使用 TextMeshPro 文字。
- General（普通视图）：切换到普通视图，如 Scene、Game、Project 视图等。
- Rendering（渲染窗口）：切换到渲染窗口。
- Animation（动画窗口）：打开 Animation 动画窗口。
- Audio（音频窗口）：打开音频窗口。
- Sequencing（时间线窗口）：打开 Timeline 时间线窗口，可以创建帧动画。
- Analysis（资源分析窗口）：打开资源分析窗口。
- Asset Management（资源管理窗口）：打开资源管理窗口。
- 2D（2D 窗口）：打开 2D 窗口，如精灵编辑器、精灵打包编辑器等。
- AI（AI 窗口）：打开寻路导航窗口。
- XR（XR 窗口）：打开 VR、AR、MR 编辑窗口。
- Experimental（测试）：可以打开一些测试的功能窗口。

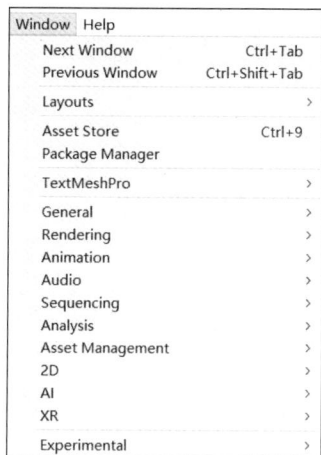

图 1-69　Window 菜单

7. Help（帮助）菜单

Help 菜单提供了查看版本、许可证管理、导航论坛地址等功能，如图 1-70 所示。
- About Unity（关于 Unity）：查看 Unity 当前版本以及创作团队等信息。
- Unity Manual（Unity 手册）：链接到 Unity 官方的脚本手册参考文档的页面。
- Scripting Reference（脚本参考文档）：链接到 Unity 官方的脚本参考文档的页面，该页面提供了脚本程序编写的各种 API 及其用法参考。
- Unity Services（Unity 服务）：链接到 Unity 的官方服务页面，该页面描述了 Unity 提供的服务，如帮助开发者制作游戏等。
- Unity Forum（Unity 论坛）：链接到 Unity 的官方论坛。
- Unity Answers（Unity 问答论坛）：链接到 Unity 的官方问答论坛，使用 Unity 遇到的问题，可以通过论坛发起提问。
- Unity Feedback（Unity 反馈界面）：链接到 Unity 的官方反馈页面。
- Check for Updates（检查更新）：检查 Unity 是否有更新版本。
- Download Beta（下载测试版）：链接到 Unity 的官方页面，可下载 Unity 最新的测试版。
- Manage License（许可证管理）：管理 Unity 许可证。
- Release Notes（发布特性一览）：链接到 Unity 的发布特性一览页面，该页面展示了各个版本的特性。
- Software Licenses（软件许可证）：打开软件的许可证文件。

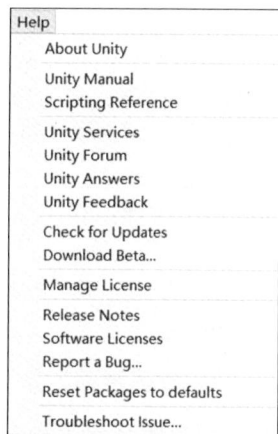

图 1-70　Help 菜单

- Report a Bug（提交 Bug）：如果使用 Unity 发现 Bug，可以通过该窗口把错误的描述发送给官方。
- Reset Packages to defaults（重置包）：将包重置到默认状态。
- Troubleshoot Issue（疑难杂问）：提交遇到的问题。

1.4.3 工具栏

Unity 工具栏提供了常用功能的快捷访问方式，包括 Transform Tools（变换工具）、Transform Gizmo Tools（变换辅助工具）、Play（播放工具）和其他工具，如图 1-71 所示。

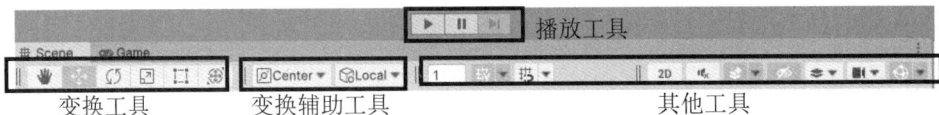

图 1-71　Unity 工具栏

1. 变换工具

变换工具主要用于 Scene 视图下，对所选游戏对象的位移、旋转以及缩放等操作控制，具体说明如表 1-2 所示。

表 1-2　变换工具说明

图　标	工具名称	功　　能	快捷键
	平移工具	平移场景视图画面	鼠标中键
	位移工具	针对单个或者多个物体做轴向位移	W
	旋转工具	针对单个或者多个物体做轴向旋转	E
	缩放工具	针对单个或者多个物体做缩放	R
	矩形手柄	设定矩形选框	T
	变换组件	控制物体的位置、旋转、缩放	Y

2. 播放工具

播放工具应用于 Game 视图，当单击播放按钮时，Game 视图被激活，可实时显示游戏运行的画面效果，具体说明如表 1-3 所示。

表 1-3　播放工具说明

图　标	工具名称	功　　能	快捷键
	播放	播放游戏以进行测试	无
	暂停	暂停游戏并暂停测试	无
	单步执行	单步进行测试	无

3. 变换辅助工具

变换辅助工具用于对游戏对象进行轴向变换操作，具体说明如表 1-4 所示。

表 1-4　变换辅助工具说明

图　标	工具名称	功　　能	快捷键
Center ▾	变换轴向	与 Pivot 切换显示，以对象中心轴为参考线做移动、旋转及缩放	无
Pivot ▾	变换轴向	与 Center 切换显示，以网格轴线为参考轴做移动、旋转及缩放	无
Local ▾	变换轴向	与 Global 切换显示，控制对象本身的轴向	无
Global ▾	变化轴向	与 Local 切换显示，控制世界坐标的轴向	无

1.4.4　工作视图

熟悉并掌握各种视图操作是学习 Unity 的基础，下面介绍 Unity 常用工作视图的界面布局以及相关操作。

1．Project（项目）视图

Project 视图中存放着 Unity 整个项目的所有资源，常见的资源包括模型、材质、动画、贴图、脚本、Shader、场景文件等。该视图可以比作是一个工厂中的原料仓库，通过右上角的搜索框，可以根据输入的名字搜索资源，如图 1-72 所示。

2．Inspector（检视）视图

Inspector 视图可以用来编辑游戏物体的组件的属性，当选中某个游戏对象时，Inspector 视图就会显示该游戏对象的组件和这些组件的属性，如图 1-73 所示。

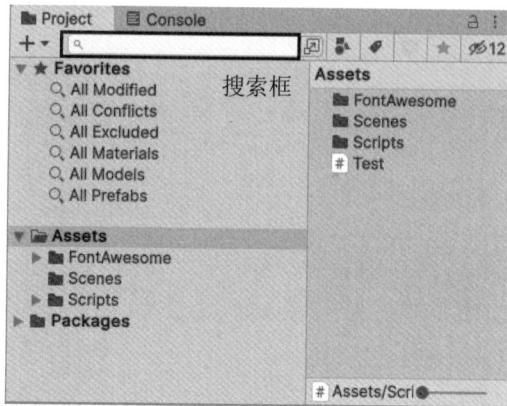

图 1-72　Project 视图

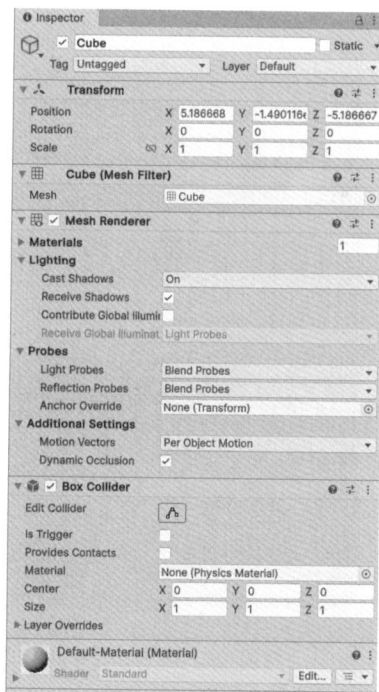

图 1-73　Inspector 视图

3．Hierarchy（层级）视图

Hierarchy 视图用来存放场景中存在的游戏对象。它显示的是游戏对象在场景中的层级结构。该窗口列举的游戏对象与游戏场景中的对象是一一对应的，如图 1-74 所示。

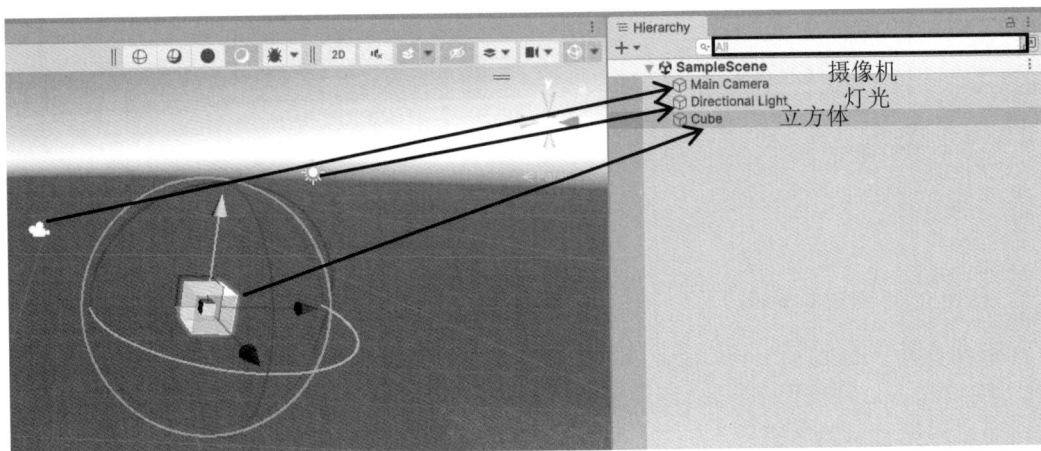

图 1-74　Hierarchy 视图

4．Game（游戏）视图

Game 视图可以显示游戏最终的效果，如图 1-75 所示。

图 1-75　Game 视图

- Display1（分屏）：分屏显示，要配合摄像机做分屏画面展示。
- Free Aspect（分辨率设置）：可以根据不同平台设置不同的分辨率。

- Scale（比例）：根据设置的分辨率，缩放当前屏幕的比例。
- Maximize on Play（全屏运行）：单击"播放"按钮，Game 视图会全屏化显示。
- Mute Audio（静音）：当该按钮处于按下状态时，运行游戏不播放音频。
- Stats（状态）：单击该按钮，会出现一个与游戏运行效率有关的面板，可以查看当前游戏的运行效率等状态。
- Gizmos（辅助图标）：当该按钮处于按下状态时，会在 Game 视图中显示场景中的辅助图标。

5．Scene（场景）视图

在 Unity 中，场景编辑都是通过 Scene 视图来完成的。在这个视图中，我们可以对游戏对象进行移动、旋转和缩放操作，如图 1-76 所示。

图 1-76　Scene 视图

6．Console（控制台）视图

Console 是 Unity 引擎中用于调试脚本运行状态的视图，在菜单栏中选择 Window→Console，即可调出 Console 视图，当脚本编译警告或者出现错误时，都可以从这个控制台查看错误的位置，方便修改。Console 视图往往与脚本编程息息相关，界面如图 1-77 所示。

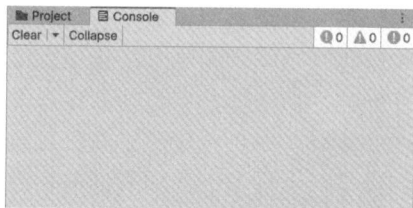

图 1-77　Console 视图

- Clear（清理）：清除控制台中的所有信息。
- Collapse（合并）：合并相同的输出信息。
- Clear on Play（运行清理）：当游戏开始播放时，清除所有原来的输出信息。
- Error Pause（错误暂停）：当脚本程序出现错误时，游戏暂停运行。
- Editor（编辑）：如果控制台连接到远程开发版本，则选择此选项可显示来自本地 Unity Player 的日志，而不是来自远程版本的日志。

1.4.5 重要概念

本小节将介绍 Unity 中的资源（Assets）、项目（Project）、场景（Scene）、游戏对象（GameObject）、组件（Componet）、脚本（Script）、预制体（Prefabs）等重要概念，熟练掌握这些概念，读者可以理解引擎运行的逻辑，掌握编辑器的使用。

1. 资源

资源是在 Unity 开发项目时需要用到的各种资源，如模型、贴图、材质、动画、音效、字体、Shader、文字、脚本等。

如果把 Unity 比作制作游戏的工厂，那么资源就是工厂中的原材料，通过对原材料的组合和使用，就可以生产出各种各样的产品。

在 Unity 项目中有一个固定的文件夹——Assets 文件夹，该文件夹用于存放项目需要的文件资源，如图片文件、3D 模型文件（FBX 格式）、音频等。

资源文件可能来自 Unity 外部创建的文件，如 3D 模型、音频文件、图像或 Unity 支持的任何其他类型的文件。还有一些可以在 Unity 中创建的资源类型，如动画控制器（Animator Controller）、混音器（Audio Mixer）或渲染纹理（Render Texture）。

2. 项目

Unity 软件管理的对象就是 Unity 项目。新建项目，就是新建一个 Unity 项目。项目包含游戏场景中所需要的各种资源，也提供了一个可以使用和组合这些资源的空间，还提供了让项目运行起来的条件。

在 Unity 中，项目就相当于一个工厂，可以向工厂中导入各种资源，也可以打包输出不同的产品，具有对资源进行加工、生产产品，以及负责各个模块的沟通等作用。

在创建一个游戏之前，要先创建一个游戏项目，这个游戏项目可以想象成实现游戏的工厂。

3. 场景

场景可以看作一个个的游戏关卡或不同的游戏地图等，打开一个场景，开发者可以在这个场景中组装和使用各种资料，实现各种功能，还可以搭建不同的场景，实现不同的效果。

在 Unity 中，场景不会相互影响，每个场景都是独立运行的，每次进入新的场景，都会重新加载场景，在场景中的操作都会复原。如果希望在重新加载场景时复原在场景中的操作，需要用代码记录下在当前场景中的操作，然后在下次加载当前场景的时候，加载记录的操作，来复原上次在当前场景中的操作。

4．游戏对象

游戏对象就是场景中存在的各种物体对象，各种游戏对象通过资源组装并加入场景中，只有资源被放置到游戏场景中，才会生成游戏对象，将各种游戏对象组装，可以开发出不同的产品。

在 Unity 中，游戏对象是必不可少的，场景中的所有物体都被称为游戏对象，当把模型、预制体拖到场景中时，它们就会变成游戏对象，所有的游戏对象都有一个最基本的 Transform 组件，根据所需的游戏功能，可以为游戏对象添加更多的组件。

游戏对象根据功能的需求不同，会添加不同的属性，不同的属性又可以实现不同的功能，用户通过这些属性来控制游戏对象的不同行为。

5．组件

在 Unity 中，组件是用于控制游戏对象属性的集合。每个组件都包含了游戏对象的某种特定的功能属性，如 Transform 组件，用于控制物体的位置、旋转和缩放。脚本也属于组件，为对象添加脚本后，Inspector 视图会自动生成脚本组件。

组件用来控制游戏对象的属性值，换言之，就是组件定义了游戏对象的属性和行为，如图 1-78 所示。

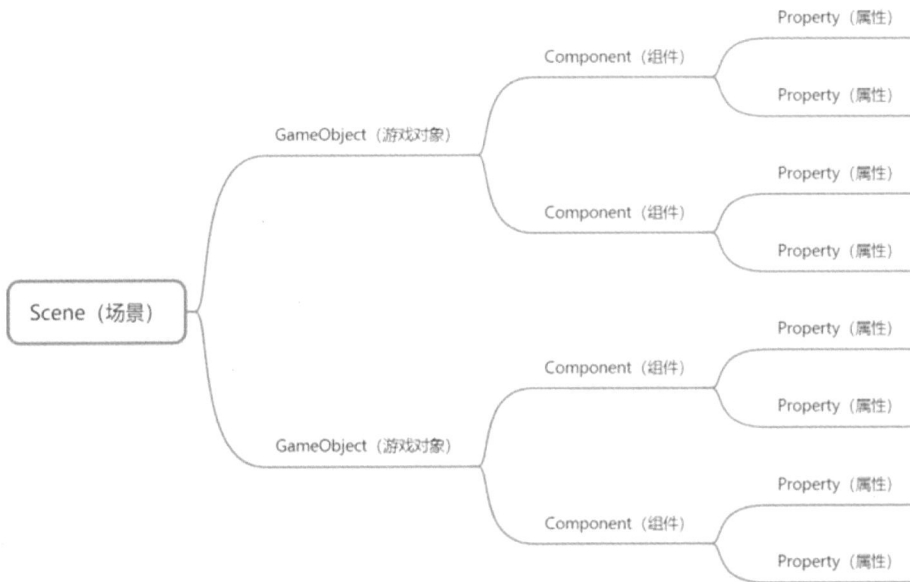

图 1-78　游戏对象和组件以及属性之间的层级结构

6．脚本

在 Unity 中，脚本也是一种组件，是游戏开发的重要概念。Unity 脚本主要支持三种语言：C#、UnityScript（JavaScript for Unity）以及 Boo。由于选择 Boo 作为开发语言的使用者非常少，所以 Unity 在 5.0 以后放弃对 Boo 的技术支持。之后，Unity 又在 Unity 2017.2 版本决定放弃支持 UnityScript。

45

在编写脚本时，我们可以不用关心脚本的底层实现原理，只需调用 Unity 提供的 API 接口，就可以完成各种产品。

在编写程序时，选择合适的程序编辑器是提高编程效率的方式之一，我们可以使用 Visual Studio 编辑器来编写代码，当然也可以使用其他文本编辑器来编写脚本。

7. 预制体

在 Unity 中，游戏开发都是围绕着游戏对象这一概念展开的，为了使游戏对象能够被重复使用和实例化，Unity 提供了保存游戏对象属性和行为的方法，这就是预制体。通过在场景中编辑游戏对象，然后保存成一个预制体，这个预制体即可在不同场景中被重复实例化。例如，可以设置一个子弹的预制体，为子弹添加各种组件并设置好属性，然后保存成预制体，当生成这个子弹时，这个子弹就已经添加了各种组件并设置好属性了。

预制体的好处就是同步性，当场景中有很多由该预制体生成的游戏对象时，通过修改并保存预制体，则场景中所有由该预制体生成的游戏对象属性也会同时改变。

第 2 章　使用 Unity 制作 2D 游戏（《2048》游戏实现）

扫一扫，看视频

Unity 是一款广泛应用于游戏开发的跨平台引擎，支持 PC、移动设备和 Web 等多种平台。它提供了强大的物理引擎、光照系统、动画工具以及丰富的 UI 系统，非常适合用于创建各种类型的游戏。本章就以经典的 2D 游戏《2048》作为案例，进行案例分析、功能分析、实现分析等。

《2048》是一款经典的数字合并游戏，以其独特的玩法和简洁的界面在全球范围内赢得了大量玩家的喜爱。

下面将概述如何使用 Unity 制作《2048》游戏。

Unity 的脚本语言是 C#，所以要做好 Unity 开发，必须要学习 C#编程语言。对于没有 C# 基础的读者，可以先学习 C#语言入门基础。

本次游戏实践主要用到最基本的面向对象思想、数据类型、流程控制等，另外，也要对数组、函数有一定的了解。

2.1　游戏玩法与目标

本节先了解一下游戏的核心玩法与玩家目标。

2.1.1　核心玩法

《2048》游戏的核心玩法是通过滑动数字方块来合并相同数字，直到生成 2048 这个数字。玩家每次操作可以选择向上、向下、向左或向右滑动，所有方块都会朝着那个方向移动，直到碰到墙或者另一个方块。游戏要点如下：

（1）玩家通过上、下、左、右滑动方块，将相同数字的方块合并，以生成更大的数字。

（2）当两个或多个相同的数字相邻时，它们会合并成一个更大的数字方块。

（3）每次移动方块后，系统会随机生成一个新的数字（通常是 2 或 4）。

2.1.2　玩家目标

玩家的目标是合成一个 2048 的游戏方块以获胜。

2.2　设　计　思　路

本节分析规则和实现过程。

2.2.1　分析规则

游戏使用网格布局（4×4）来显示方块，每个方块可以用不同的颜色或阴影来表示不同的数字。使用二维数组（如 grid[4][4]）来表示游戏状态。数组中的每个元素对应一个方块的值，0 表示空方块。

游戏规则很简单，每次可以选择上、下、左、右其中一个方向去滑动，每滑动一次，所有的数字方块都会往滑动的方向靠拢，系统也会在空白的地方随机出现一个数字方块，相同数字的方块在靠拢、相撞时会相加。系统生成的数字方块不是 2 就是 4，玩家要想办法在这小小的16 格范围中凑出 2048 这个数字方块。

开局是一个 4×4 棋盘，棋盘中随机出现两个数字，通常为 2 或 4。

玩家可以选择上、下、左、右四个方向，如果玩家选择的方向上有相同的数字，则合并；如果玩家选择的方向上没有相同的数字但是有空位，则移动，可以移动的同时合并，但是不可以连续合并。

如果棋盘被数字填满，无法进行移动或合并，则游戏失败。

如果棋盘上出现 2048，则游戏胜利，《2048》游戏界面如图 2-1 所示。

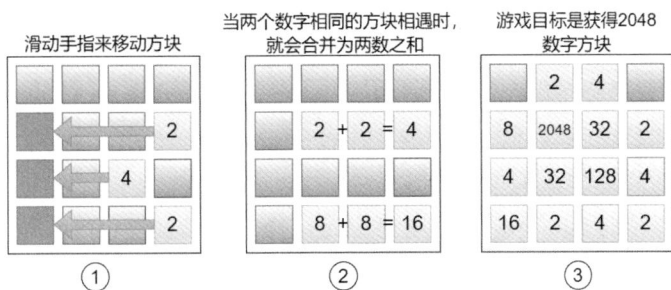

図 2-1　《2048》游戏界面

2.2.2　分析实现

首先构建 4×4 的方格，一开始只需出现 2 或 4 这两个数字，玩家只需选择上、下、左、右其中一个方向来滑动出现的数字，所有的数字就会向滑动的方向靠拢，而滑出的空白方块就会随机出现一个数字，相同的数字相撞时会叠加靠拢，然后一直这样，不断叠加，最终拼出 2048 这个数字就算成功。

根据规则，下面来分析游戏的实现。

以向左移动为例，如图 2-2 所示。

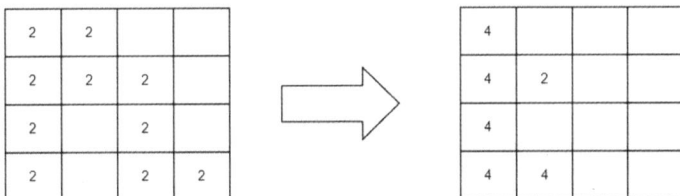

図 2-2　游戏左移效果界面

可以看到移动后的规则。

（1）相邻的元素值相同则合并，然后末尾补上空元素。

（2）开头或中间有空元素就移动到末尾。

（3）只合并一次，不会多次合并。

2.3　实　现　过　程

接下来，开始实现《2048》游戏。

2.3.1　新建项目

打开 Unity Hub，选择新建项目，选择 Unity 2022.3.57f1c2 版本，因为本案例是 2D 的，所以选择 2D（Built-In Render Pipeline）模板，命名为 Game2048，如图 2-3 所示。

图 2-3　新建项目

等待新建项目完成后，界面如图 2-4 所示。

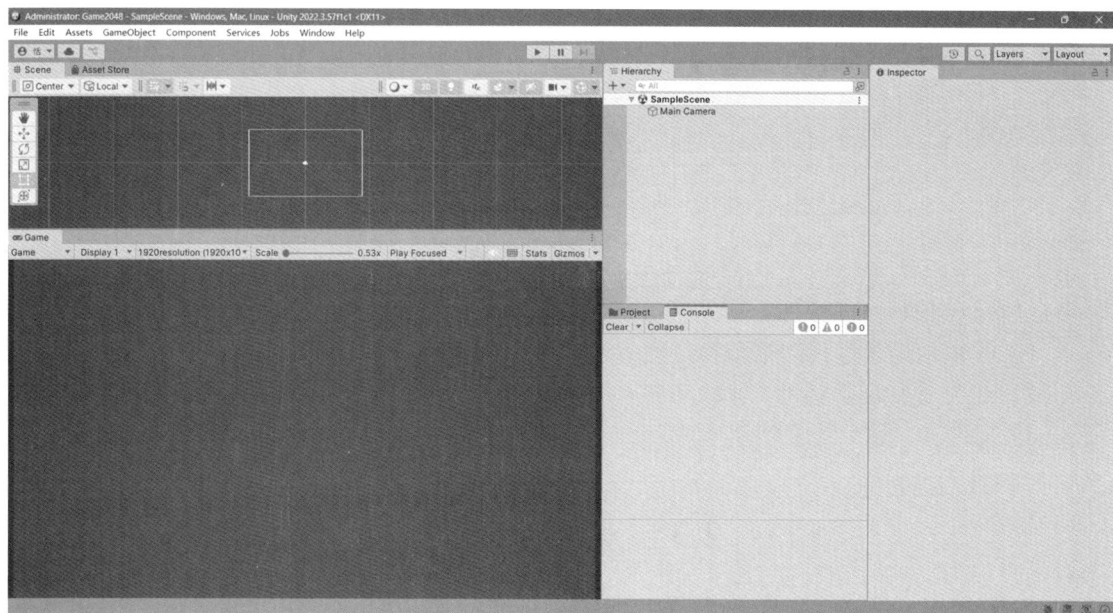

图 2-4　新建项目完成界面

2.3.2　导入资源

将"资源包→第 2 章资源文件"文件夹中的 2048.unitypackage 文件导入项目中，导入资源如图 2-5 所示。

导入的资源是游戏需要的数字块素材，包括空白块、数字块 2、数字块 4、数字块 8、数字块 16、数字块 32、数字块 64、数字块 128、数字块 256、数字块 512、数字块 1024、数字块 2048，如图 2-6 所示。

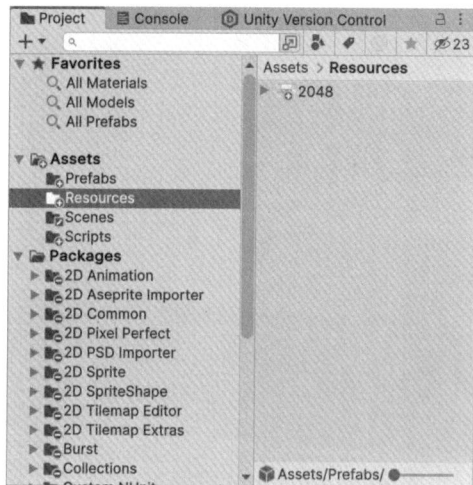

图 2-5　导入资源

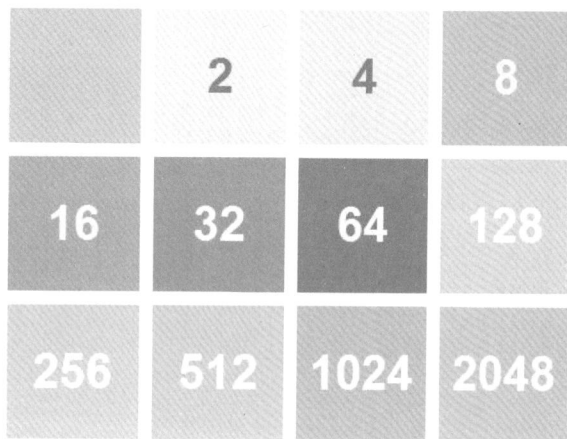

图 2-6　游戏素材

接下来，需要将图片素材处理一下。

2.3.3　素材处理

（1）修改导入设置。在 Project 视图的 Resources 中找到 2048.png，单击选中图片，在 Inspector 视图中修改导入设置，将 Texture Type 设置为 Sprite（2D and UI）、Sprite Mode 设置为 Multiple，如图 2-7 所示。

图 2-7　导入设置界面

（2）分割图片。单击 Open Sprite Editor 按钮，会弹出分割窗口，然后单击 Slice 按钮，在弹出的面板中选择 Grid By Cell Count，输入 Column & Row 为 4 & 3，单击 Apply 按钮，如图 2-8 所示。

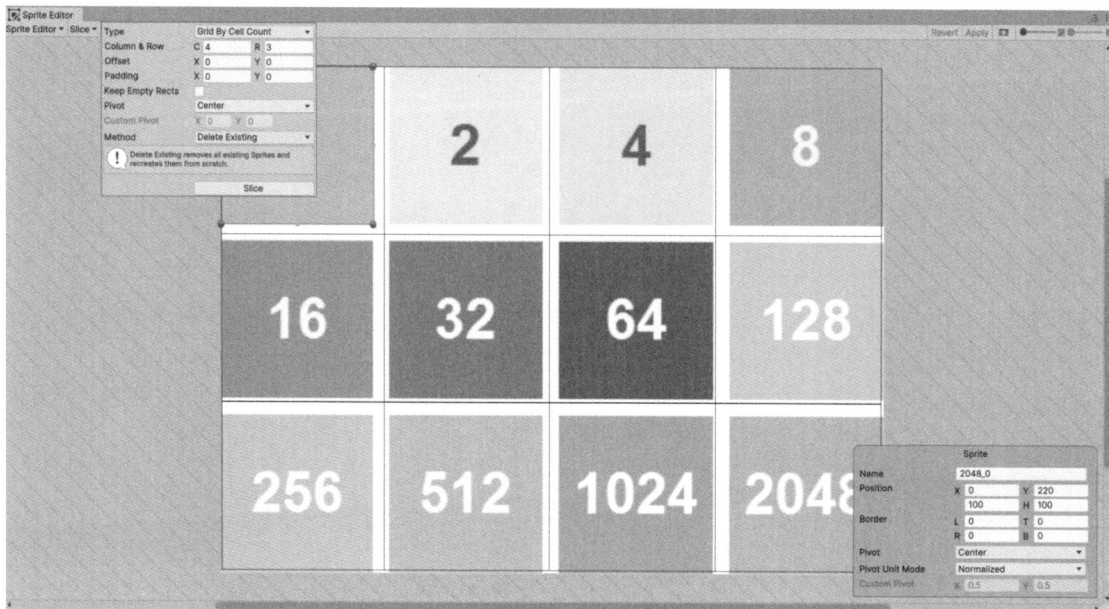

图 2-8　分割图片

图片分割后的效果如图 2-9 所示。

（3）图片分割完后，把图集保存在 Resources 文件夹中，如果没有这个文件夹，就新建一个，Resources 文件夹在 Unity 中具有特殊作用，可以通过脚本 Resources 类进行访问，如图 2-10 所示。

图 2-9　图片分割后的效果

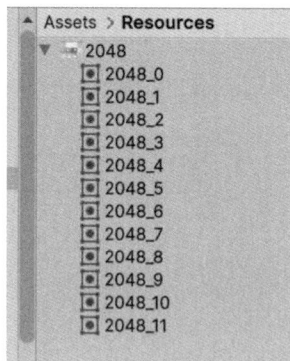

图 2-10　把图集保存在 Resources 文件夹中

🚗 注意：

图集的名字为 2048，稍后在代码中会用到。

（4）将 2048_0 拖入场景中，重命名为 BG，设置排序层 Order in Layer 为−1，这样背景就总是显示在最下面了，如图 2-11 所示。

图 2-11　设置背景图

（5）将 BG 拖入 Project 视图中，做成预制体，如图 2-12 所示。

（6）用同样的操作，将 2048_1 拖入场景，然后重命名为 Card，设置排序层 Order in Layer 为 0，然后将数字 2 做成预制体，如图 2-13 所示。

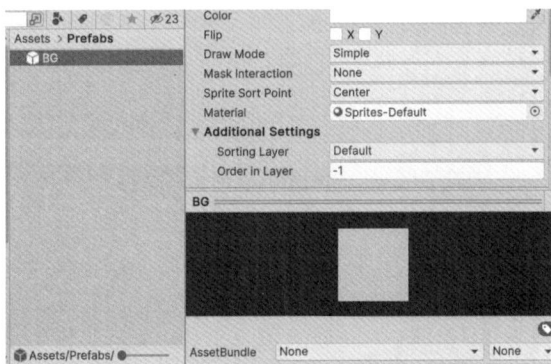

图 2-12　将 BG 做成预制体

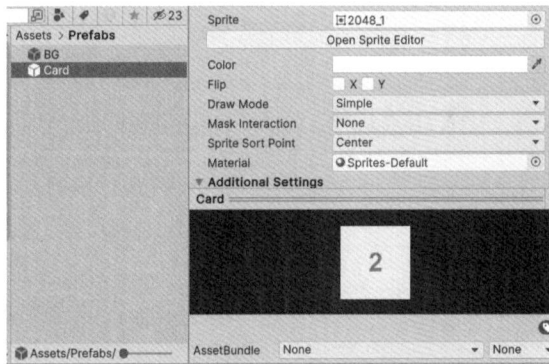

图 2-13　将数字 2 做成预制体

（7）将场景中的 BG 和 Card 对象删除，我们将在后面使用实例化新建这两个对象。

至此，游戏的场景就搭建完成了，下面进行代码的编写。

2.3.4　实现代码

（1）创建 16 个小方格作为背景，新建脚本文件 GameManager.cs，双击打开脚本文件，编写脚本，参考代码 2-1。

代码 2-1　创建背景

```
using System.Collections;
using System.Collections.Generic;
using UnityEngine;

public class GameManager: MonoBehaviour
{
    public GameObject bgSprite;                          //背景卡片
    private Vector2 BeginPos = new Vector2(-1.5f, 1.5f); //在屏幕中间
    private float OffsetX = 1.1f;                        //x 和 y 加 0.1，有个间隙
    private float OffsetY = 1.1f;

    void Start()
    {
        CreateBG();
    }

    void CreateBG()
    {
        GameObject BG = new GameObject("BG");             //创建空游戏对象作为背景预制体
        for (int i = 0; i < 4; i++)
        {
            for (int j = 0; j < 4; j++)
            {
                Vector2 newPos = new Vector2(BeginPos.x + j * OffsetX, BeginPos.y - i * OffsetY);
                Instantiate(bgSprite, newPos, Quaternion.identity, BG.transform);
            }
        }
    }
}
```

（2）将脚本附给 Main Camera 对象，然后将预制体 BG 拖到 Card 脚本组件的 Bg Sprite 卡槽中，如图 2-14 所示。

（3）运行程序，运行效果如图 2-15 所示。

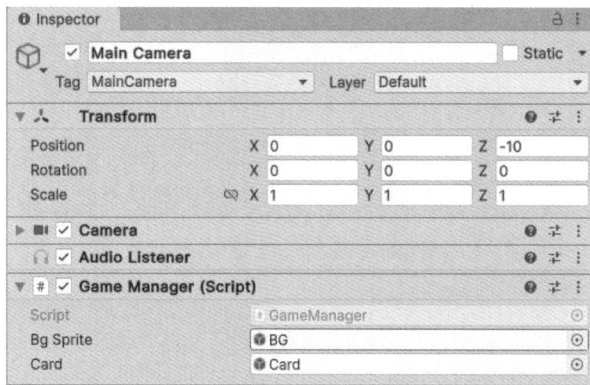

图 2-14　将脚本附给 Main Camera 对象并设置脚本组件

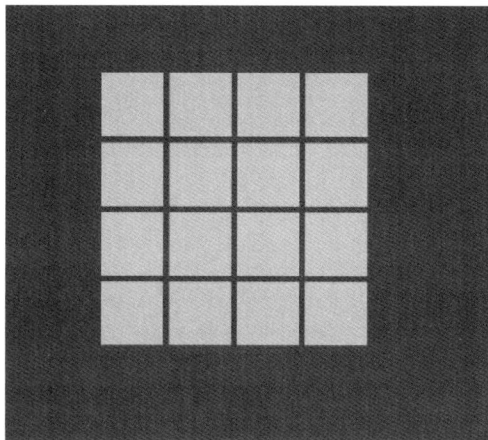

图 2-15　程序运行效果

（4）创建一个 Card.cs 脚本文件，主要用来管理创建的 Card 对象，找到 Project 视图中的 Card 对象，将 Card.cs 脚本文件附加上去，操作步骤如图 2-16 所示。

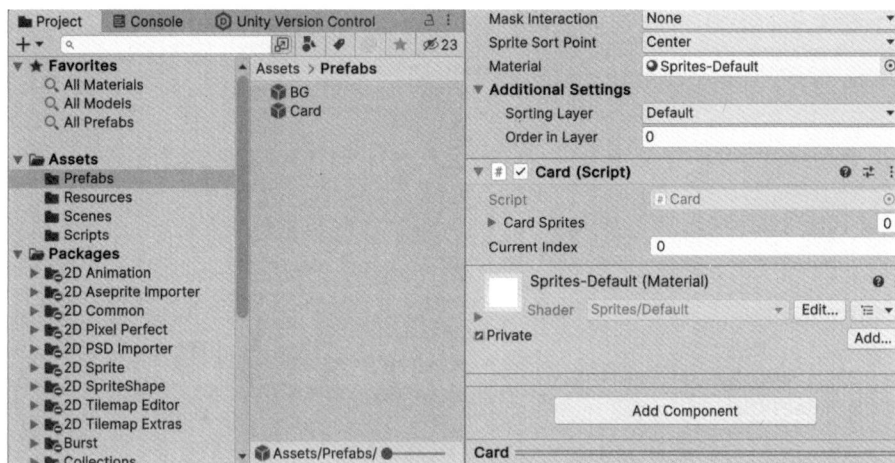

图 2-16　附加脚本

（5）修改 Card.cs 脚本，参考代码 2-2。

代码 2-2　修改 Card.cs 脚本

```csharp
using System.Collections;
using System.Collections.Generic;
using UnityEngine;

public class Card: MonoBehaviour
{
    public Sprite[] CardSprites;            //读取图集中的所有切片
    private string fileName = "2048";       //图集的名字
    public int _currentIndex = 0;           //当前卡片的显示编号

    void Awake()
    {
        CardSprites = Resources.LoadAll<Sprite>(fileName);
    }


    //根据卡片编号修改 SpriteRenderer，从而改变卡片的数值
    public void Generate(int index)
    {
        _currentIndex = index;
        GetComponent<SpriteRenderer>().sprite = CardSprites[_currentIndex];
    }

    //合并卡片的逻辑
    public void Merge()
    {
        _currentIndex++;
        GetComponent<SpriteRenderer>().sprite = CardSprites[_currentIndex];
```

```
    }
}
```

（6）修改 GameManager.cs 脚本文件，双击打开脚本文件，修改代码，参考代码 2-3。

代码 2-3 修改 GameManager.cs 脚本

```
using System.Collections;
using System.Collections.Generic;
using UnityEngine;

public class GameManager: MonoBehaviour
{
    public GameObject card;                              //卡片游戏对象
    private GameObject[,] cardList = new GameObject[4, 4]; //卡片游戏对象对应的棋盘格子
    private int CardNum = 0;                             //棋盘格子的卡片计数，用于满格后重新开始游戏

    void Start()
    {
        CreateBG();
        CreateCard();
    }


    void Update()
    {
        if (Input.GetKeyDown(KeyCode.W))                 //上
        {
            MoveUp();
            CreateCard();
        }
        if (Input.GetKeyDown(KeyCode.S))                 //下
        {
            MoveUp();
            MoveDown();
        }
        if (Input.GetKeyDown(KeyCode.A))                 //左
        {
            MoveLeft();
            CreateCard();
        }
        if (Input.GetKeyDown(KeyCode.D))                 //右
        {
            MoveRight();
            CreateCard();
        }
    }

    void CreateBG()
    {
        GameObject BG = new GameObject("BG");            //创建空游戏对象作为背景预制体
        for (int i = 0; i < 4; i++)
        {
            for (int j = 0; j < 4; j++)
```

```
            {
                Vector2 newPos = new Vector2(BeginPos.x + j * OffsetX, BeginPos.y - i * OffsetY);
                Instantiate(bgSprite, newPos, Quaternion.identity, BG.transform);
            }
        }
    }

    void CreateCard()
    {

    }

    void MoveUp()
    {

    }

    void MoveDown()
    {

    }

    void MoveLeft()
    {

    }

    void MoveRight()
    {

    }
}
```

CreateCard 函数的主要实现思路如下：

① 每次申请一个卡片时计算当前数组中的卡牌数，如果大于 16，则游戏重置；否则随机生成坐标点，判断当前坐标是否有卡片，直到找到空余位置，然后实例化卡片。

② 生成对应数字的卡片。

（7）修改 GameManager.cs 脚本，参考代码 2-4。

代码 2-4 在 GameManager 脚本添加 CreateCard 函数

```
void CreateCard()
{
    CardNum = 0;
    foreach (var item in cardList)
    {
        if (item)
        {
            CardNum++;
        }
    }
    if (CardNum >= 16)
    {
```

```
        ResetGame();
        return;
    }

    int X_index, Y_index = 0;
    do
    {
        X_index = Random.Range(0, 4);
        Y_index = Random.Range(0, 4);
    } while (cardList[X_index, Y_index]);
    Vector2 newPos = GetPosVector2(X_index, Y_index);

    cardList[X_index, Y_index] = Instantiate(_card, newPos, Quaternion.identity);
    if (Random.Range(0.0f,1.0f)>0.5f)
    {
        cardList[X_index, Y_index].GetComponent<Card>().Generate(1);
    }
    else
    {
        cardList[X_index, Y_index].GetComponent<Card>().Generate(2);
    }
}

public Vector2 GetPosVector2(int x, int y)
{
    return new Vector2(BeginPos.x + y * OffsetX, BeginPos.y - x * OffsetY);
}


void ResetGame()
{
    foreach (var card in cardList)
    {
        if (card != null)
        {
            Destroy(card);
        }
        cardList = new GameObject[4, 4];
    }
}
```

接下来就是响应鼠标输入，然后移动卡片，以向上移动为例，主要逻辑思路如下：

① 遍历卡片数组，寻找存在的卡片。

② 找到一个存在的卡片，沿着移动方向对每个格子进行判断，看前面是否有卡片，找到离自己最近的卡片进行判断。如果存在的卡片与当前位置上的卡片数值一致，则使用 Card 类中的 Merge 方法进行合并；否则，将卡片移动到该格子的临近格子。

（8）向上移动代码实现参考代码 2-5。

代码 2-5 MoveUp 函数

```
void MoveUp()
{
    for (int i = 0; i < 4; i++)
```

```
    {
        for (int j = 0; j < 4; j++)
        {
            if (cardList[i, j] != null)              //当找到其中的卡片后
            {
                GameObject temp = cardList[i, j]; //保留该卡片的引用
                int x = i;
                int y = j;
                bool isFind = false;                 //设置查找标识
                while (!isFind)
                {
                    x--; //根据手指滑动的方向不同,将 x 和 y 的值进行增加或者减少来控制方块的合并、移动
                        //等操作。当 x--,也就是 x 的值减 1 时,相当于手指向上滑动
                    if (x < 0 || cardList[x, y])     //达到边界或找到卡片后
                    {
                        isFind = true;
                        //判断值是否相同,如果相同,则合并操作
                        if (x >= 0 && cardList[x, y].GetComponent<Card>()._currentIndex ==
                        cardList[i, j].GetComponent<Card>()._currentIndex)
                        {
                            cardList[x, y].GetComponent<Card>().Merge();
                            Destroy(cardList[i, j]);
                            cardList[i, j] = null;
                        }
                        Else                          //否则移动即可
                        {
                            cardList[i, j] = null;
                            cardList[x + 1, y] = temp;
                            cardList[x + 1, y].transform.position = GetPosVector2(x + 1, y);
                        }
                    }
                }
            }
        }
    }
}
```

（9）向下移动代码实现参考代码 2-6。

代码 2-6　MoveDown 函数

```
void MoveDown()
{
    for (int i = 0; i < 4; i++)
    {
        for (int j = 0; j < 4; j++)
        {
            if (cardList[i, j] != null)              //当找到其中的卡片后
            {
                GameObject temp = cardList[i, j];    //保留该卡片的引用
                int x = i;
                int y = j;
                bool isFind = false;                 //设置查找标识
                while (!isFind)
                {
```

```
        x++; //根据手指滑动的方向不同，将 x 和 y 的值进行增加或者减少来控制方块的合并、移动
            //等操作。当 x++，也就是 x 的值加 1 时，相当于手指向下滑动
        if (x > 3 || cardList[x, y])          //达到边界或找到卡片后
        {
            isFind = true;
            //判断值是否相同，如果相同，则合并操作
            if (x <= 3 && cardList[x, y].GetComponent<Card>()._currentIndex ==
            cardList[i, j].GetComponent<Card>()._currentIndex)
            {
                cardList[x, y].GetComponent<Card>().Merge();
                Destroy(cardList[i, j]);
                cardList[i, j] = null;
            }
            else                              //否则移动即可
            {
                cardList[i, j] = null;
                cardList[x - 1, y] = temp;
                cardList[x - 1, y].transform.position = GetPosVector2(x - 1, y);
            }
        }
    }
        }
    }
}
```

（10）向左移动代码实现参考代码 2-7。

代码 2-7　MoveLeft 函数

```
void MoveLeft()
{
    for (int i = 0; i < 4; i++)
    {
        for (int j = 0; j < 4; j++)
        {
            if (cardList[i, j] != null)          //当找到其中的卡片后
            {
                GameObject temp = cardList[i, j]; //保留该卡片的引用
                int x = i;
                int y = j;
                bool isFind = false;             //设置查找标识
                while (!isFind)
                {
                    y--; //根据手指滑动的方向不同，将 x 和 y 的值进行增加或者减少来控制方块的合并、移动
                        //等操作。当 y--，也就是 y 的值减 1 时，相当于手指向左滑动
                    if (y < 0 || cardList[x, y])     //达到边界或找到卡片后
                    {
                        isFind = true;
                        //判断值是否相同，如果相同，则合并操作
                        if (y >= 0 && cardList[x, y].GetComponent<Card>()._currentIndex ==
                        cardList[i, j].GetComponent<Card>()._currentIndex)
                        {
                            cardList[x, y].GetComponent<Card>().Merge();
                            Destroy(cardList[i, j]);
```

```
                        cardList[i, j] = null;
                    }
                    else                          //否则移动即可
                    {
                        cardList[i, j] = null;
                        cardList[x, y + 1] = temp;
                        cardList[x, y + 1].transform.position = GetPosVector2(x, y + 1);
                    }
                }
            }
        }
    }
}
```

（11）向右移动代码实现参考代码 2-8。

代码 2-8　MoveRight 函数

```
void MoveRight()
{
    for (int i = 0; i < 4; i++)
    {
        for (int j = 0; j < 4; j++)
        {
            if (cardList[i, j] != null)              //当找到其中的卡片后
            {
                GameObject temp = cardList[i, j]; //保留该卡片的引用
                int x = i;
                int y = j;
                bool isFind = false;                    //设置查找标识
                while (!isFind)
                {
                    y++; //根据手指滑动的方向不同，将 x 和 y 的值进行增加或者减少来控制方块的合并、移动
                        //等操作。当 y++，也就是 y 的值加 1 时，相当于手指向右滑动
                    if (y > 3 || cardList[x, y])        //达到边界或找到卡片后
                    {
                        isFind = true;
                        //判断值是否相同，如果相同，则合并操作
                        if (y <= 3 && cardList[x, y].GetComponent<Card>()._currentIndex ==
                        cardList[i, j].GetComponent<Card>()._currentIndex)
                        {
                            cardList[x, y].GetComponent<Card>().Merge();
                            Destroy(cardList[i, j]);
                            cardList[i, j] = null;
                        }
                        else                          //否则移动即可
                        {
                            cardList[i, j] = null;
                            cardList[x, y - 1] = temp;
                            cardList[x, y - 1].transform.position = GetPosVector2(x, y - 1);
                        }
                    }
                }
            }
        }
```

```
        }
    }
}
```

（12）运行游戏，游戏运行效果如图 2-17 所示。

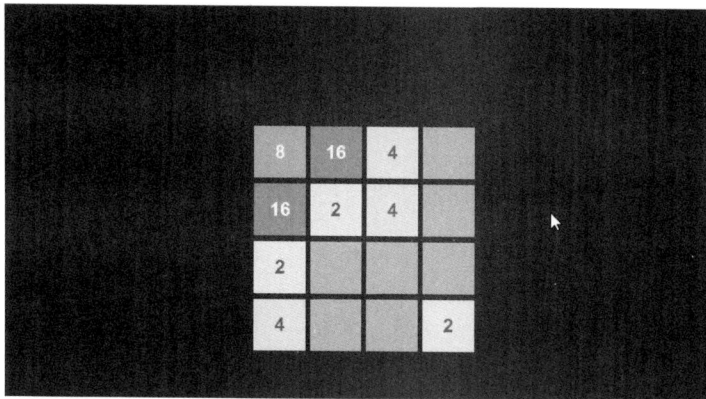

图 2-17　游戏运行效果

2.4　总结及习题

2.4.1　本章小结

总体来说，实现这个游戏的难度不大，主要是对数组的操作，以及对 SpriteRenderer 组件切换 Sprite 的操作。因此，对于游戏开发，不要觉得太难就停滞不前，试着去做，只要在路上，就会距离目标越来越近。

2.4.2　课后习题

本章实现了《2048》游戏，这个游戏还可以更换皮肤，让数字更加有趣，也可以增加分数系统、排行榜系统等功能。现在已经实现了《2048》游戏的基础功能，读者可以试着添加撤回上一步功能和重新开始等功能。

第3章 使用 Unity 制作 3D 游戏（《3D 迷宫探险》）

本章将通过开发一个 3D 游戏——《3D 迷宫探险》来演示如何使用 Unity 制作 3D 游戏。

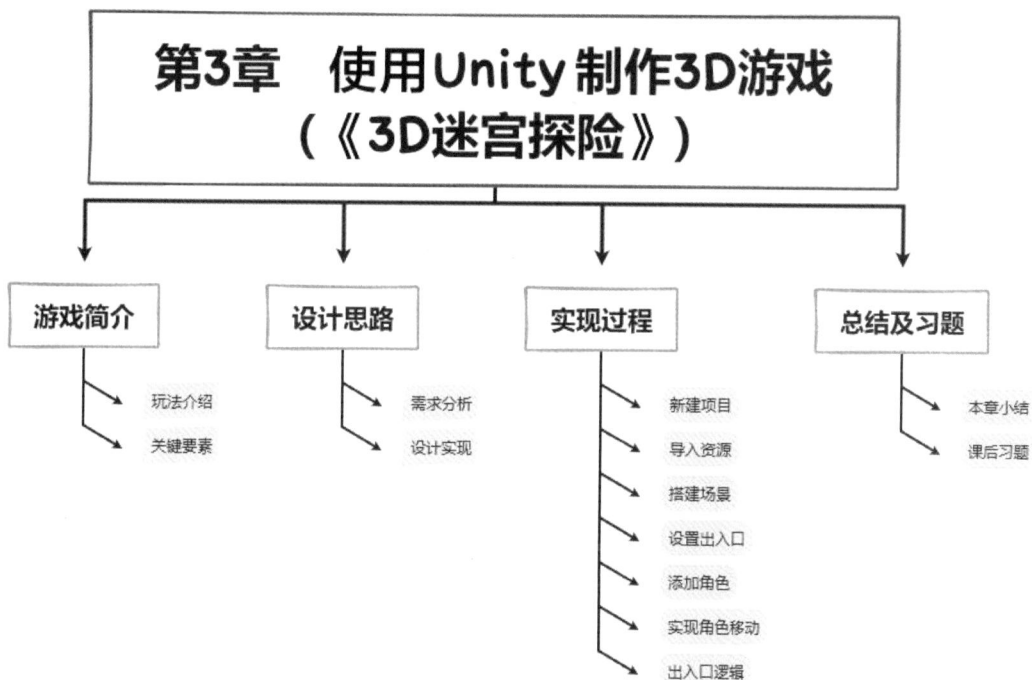

3.1 游戏简介

本节首先介绍一下游戏。

3.1.1 玩法介绍

玩家进入迷宫后，通过角色移动来寻找出路，可能会遇到分支选择，不同的选择将决定不同的路径和结局。《3D 迷宫探险》结合了解谜、探索和冒险元素，能够为玩家提供丰富而有趣的体验。

3.1.2 关键要素

《3D 迷宫探险》是一种沉浸式的游戏，玩家需要在三维空间内探索和解谜。以下是该类型游戏的一些关键要素。

- 3D 迷宫。
- 人物移动。
- 出入口。

3.2 设 计 思 路

本节分析游戏的设计思路。

3.2.1 需求分析

《3D 迷宫探险》的总体设计思路很简单，使用立体的墙搭建迷宫，然后控制人物在迷宫中移动，最后找到出口即可。

3.2.2 设计实现

设计实现思路如下：

- 构建一个 3D 迷宫。
- 实现角色在迷宫中的行走逻辑。
- 角色需要找到出口，所以需要实现出口逻辑。

3.3 实 现 过 程

本节将正式开始游戏开发。

3.3.1 新建项目

打开 Unity Hub，选择新建项目，选择 Unity 2022.3.57f1c2 版本，因为案例是 3D 的，所以选择 3D（Built-In Render Pipeline）模板，输入项目名称，选择项目保存位置，单击"创建项目"按钮即可，如图 3-1 所示。

Unity 编辑器加载完成后，将资源包导入。

图 3-1　新建项目

3.3.2　导入资源

将"资源包→第 3 章资源文件"文件夹中的 3DMaze.unitypackage 文件导入项目中，导入后的资源目录结构如图 3-2 所示。

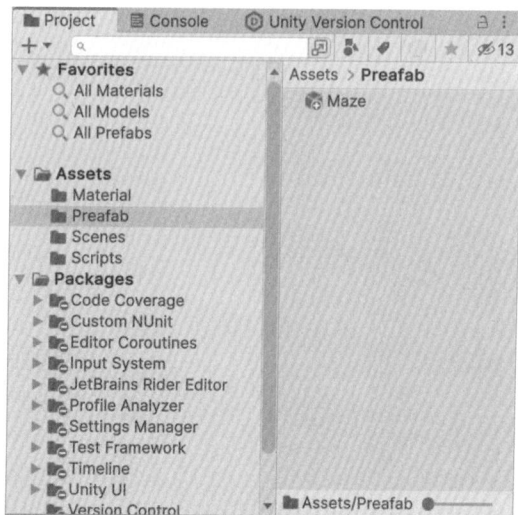

图 3-2　资源目录结构

Project 视图的 Preafab 文件夹中的 Maze 预制体是搭建好的迷宫模型，对于搭建场景比较生疏的读者，可以直接将这个预制体拖到场景中，然后从 3.3.5 小节接着往下学习。

对于想要学习搭建场景的读者，可以继续往下阅读。

接下来，就来搭建场景，构建迷宫。

3.3.3　搭建场景

（1）新建一个地板（Plane），在 Hierarchy 视图中，单击左上角的"+"按钮，在弹出的下拉菜单中选择 3D Object→Plane 命令，如图 3-3 所示。

（2）在 Hierarchy 视图中，选中 Plane，让它足够大，将 Scale 设置为（10,10,10），使其扩大 10 倍，如图 3-4 所示。

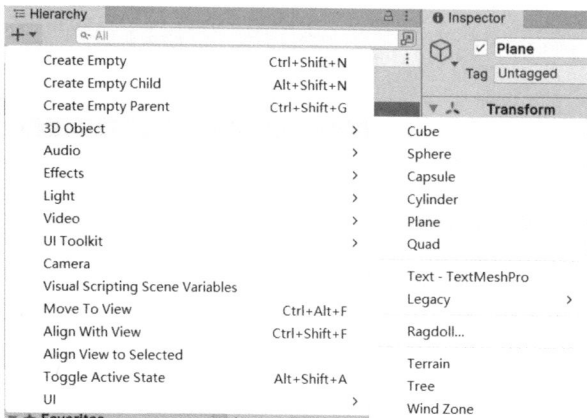

图 3-3　新建 Plane

图 3-4　更改 Plane 的尺寸

（3）构建墙壁。为了搭建方便，下面将 Scene 视图中的透视（Prespective）视图切换到正交（Orthogonality）视图，如图 3-5 所示。

（4）在 Scene 视图的 ISO 字样下，单击任何一个坐标轴即可切换为当前方向的视图，如图 3-6 所示。

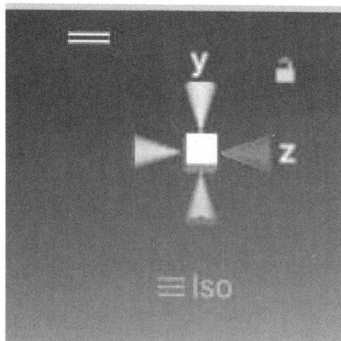

图 3-5　更改视图

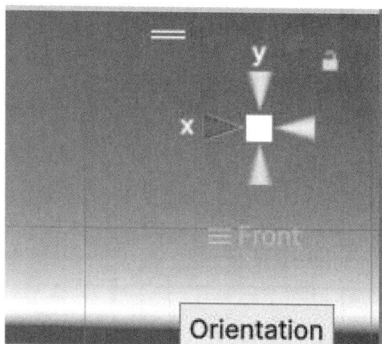

图 3-6　切换为当前方向的视图

（5）在 Hierarchy 视图中单击左上角的"+"按钮，在弹出的下拉菜单中选择 3D Object→Cube 命令，新建一个 Cube，使用快捷键 R 可以切换为缩放工具，如图 3-7 所示。

图 3-7　用快捷键 R 切换为缩放工具

（6）调整大小和缩放，让 Cube 看起来像是一堵墙，如图 3-8 所示。Cube 的位置、旋转和缩放如图 3-9 所示。

图 3-8　在 Scene 视图中调整大小和缩放

（7）根据 Plane 的大小构建四面的墙，如图 3-10 所示。

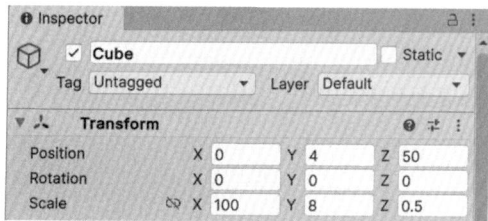

图 3-9　调整位置、大小和缩放

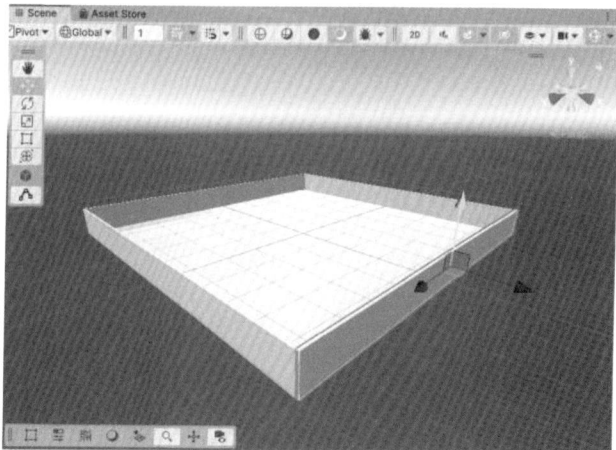

图 3-10　构建四面的墙

（8）构建内部的墙，形成一条通路，如图 3-11 所示。

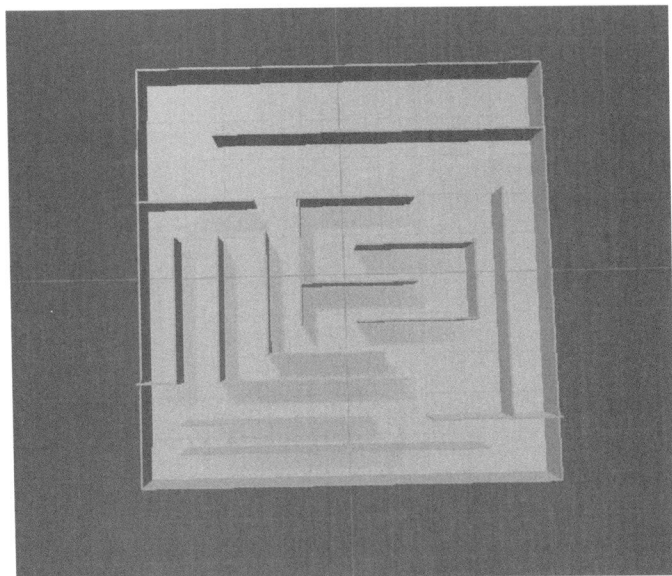

图 3-11　创建迷宫墙

3.3.4　设置出入口

　　放置两个 Cube，设置其位置、缩放和旋转，以匹配出入口的大小，将出口名字改成 Exit，后面将通过碰撞检测小球是否到达出口，如图 3-12 所示。

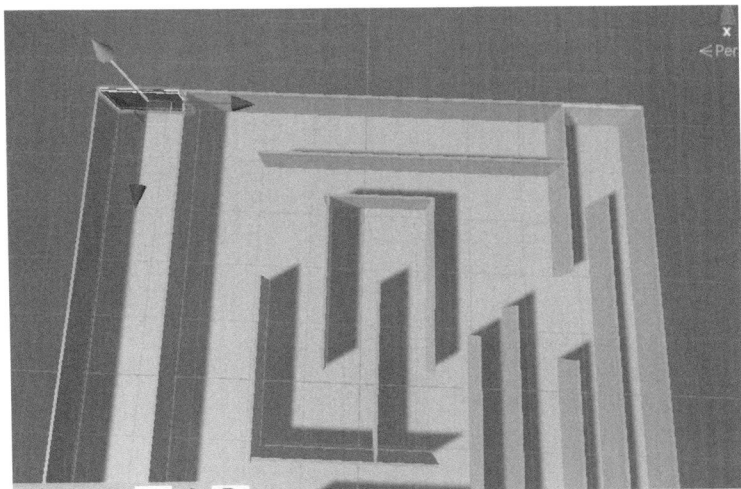

图 3-12　添加出入口

3.3.5　添加角色

　　（1）在 Hierarchy 视图中，选中 Main Camera 对象，添加 Character Controller 组件，设置 Character Controller 组件的参数，如图 3-13 所示。

（2）将角色移动到出口的位置，如图 3-14 所示。

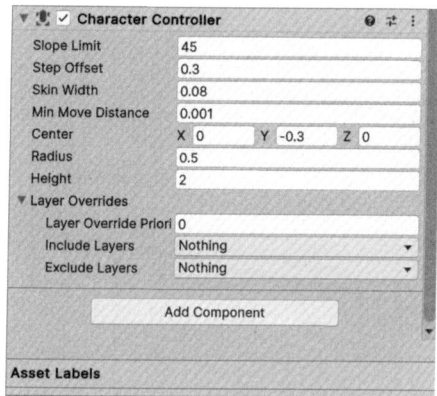

图 3-13 设置参数

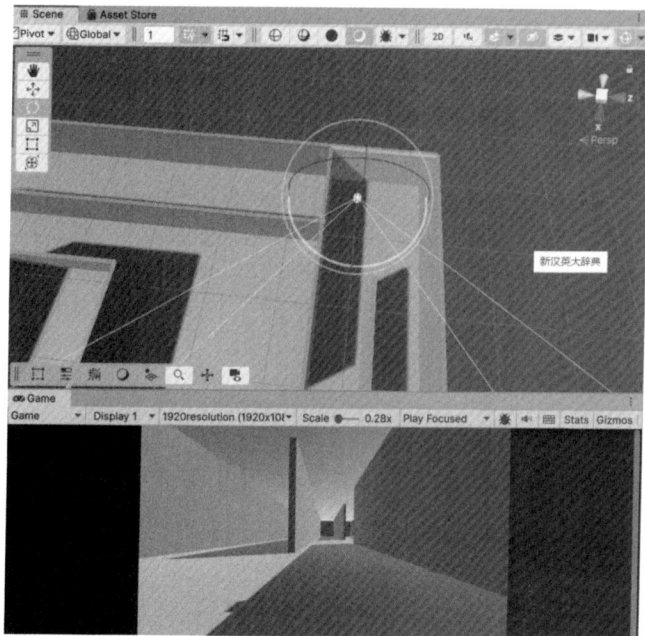

图 3-14 将角色移动到出口位置

3.3.6 实现角色移动

（1）新建脚本，命名为 CameraMoveGround.cs，双击打开脚本，编辑代码，参考代码 3-1。

代码 3-1 实现角色移动

```
using UnityEngine;
using System.Collections;

public class CameraMoveGround: MonoBehaviour
{
    public bool isMove = false;
    [SerializeField, Tooltip("旋转速度")]
    public float rotateSpeed = 2f;
    ///<summary>
    ///角色控制器
    ///</summary>
    private CharacterController character;
    ///<summary>
    ///Y 轴旋转最小值
    ///</summary>
    //private float minRotateY = -60f;
    ///<summary>
    ///Y 轴旋转最大值
    ///</summary>
    //private float maxRotateY = 60f;
    private float rotationX;
```

```csharp
    private float rotationY;
    private Quaternion tmpRotation;
    ///<summary>
    ///相机旋转平滑度
    ///</summary>
    [Range(1f, 5f)]
    public float rotateLerpValue = 3f;
    private Vector3 move = Vector3.zero;
    [SerializeField, Tooltip("移动速度")]
    public float moveSpeed = 2f;
    [SerializeField, Tooltip("是否使用重力")]
    public bool isUseGravity = true;


    void Start()
    {
        character = GetComponent<CharacterController>();
    }

    private void OnEnable()
    {
        rotationX = transform.localEulerAngles.x;
        rotationY = transform.localEulerAngles.y;
    }

    void Update()
    {
        if (isMove)
        {
            if (Input.GetMouseButton(1))
            {
                rotationX -= Input.GetAxis("Mouse Y") * rotateSpeed;
                rotationY += Input.GetAxis("Mouse X") * rotateSpeed;
                tmpRotation = Quaternion.Euler(rotationX, rotationY, 0);
                transform.localRotation = Quaternion.Slerp(transform.localRotation,
                tmpRotation, Time.deltaTime * rotateLerpValue);
            }
            if (Input.GetAxis("Horizontal") != 0 || Input.GetAxis("Vertical") != 0)
            {
                float moveX = Input.GetAxis("Horizontal");
                float moveZ = Input.GetAxis("Vertical");
                move.x = moveX * moveSpeed;
                move.z = moveZ * moveSpeed;
                if (isUseGravity)
                {
                    character.SimpleMove(transform.TransformVector(move));
                }
                else
                {
                    move.x = move.x * 0.01f;
                    move.z = move.z * 0.01f;
                    character.Move(transform.TransformVector(move));
                }
            }
        }
```

```
        }
      }
    }
```

（2）将脚本拖到 Main Camera 对象上，并设置参数，如图 3-15 所示。

（3）将所有墙的父节点设置为 Plane，如图 3-16 所示。

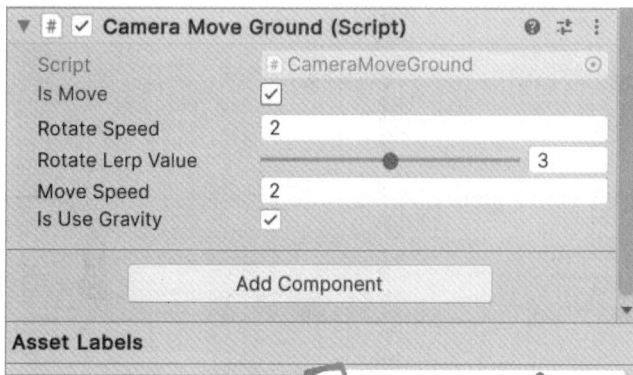

图 3-15　添加 Camera Move Ground 组件

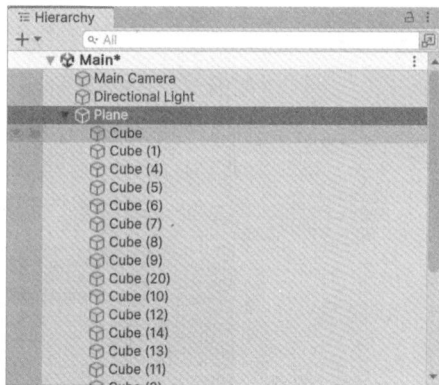

图 3-16　设置墙的父节点

（4）将 Plane 重命名为 Maze，拖入 Project 视图的 Preafab 文件夹中，做成预制体，如图 3-17 所示。

（5）运行程序，运行效果如图 3-18 所示。

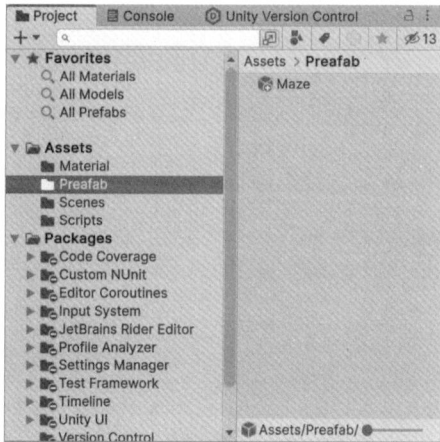

图 3-17　将 Plane 做成预制体

图 3-18　运行效果

3.3.7　出入口逻辑

出入口用碰撞检测，新建脚本 ExitControl.cs，双击打开代码，编辑代码，参考代码 3-2。

代码 3-2　出入口逻辑

```
using System.Collections;
using System.Collections.Generic;
```

```
using UnityEngine;
using UnityEngine.SceneManagement;

public class ExitControl: MonoBehaviour
{
    private void OnCollisionEnter(Collision collision)
    {
        if (collision.gameObject.name == "Main Camera")
        {
            SceneManager.LoadScene(SceneManager.GetActiveScene().name);
        }
    }
}
```

将代码附给 Hierarchy 视图中的两个 Exit 对象，运行程序，运行效果如图 3-19 所示。

图 3-19　运行效果

至此，3D 游戏之《3D 迷宫探险》就制作完成了。

3.4　总结及习题

3.4.1　本章小结

　　本章实现了《3D 迷宫探险》游戏，在游戏的设计与实现过程中，涉及多个关键步骤和技术要素。首先是游戏设计，其次是技术选型、环境搭建，最后是解谜与挑战的逻辑实现。通过这些步骤实现了一个具有深度和趣味性的 3D 迷宫探险游戏，为玩家提供了丰富的探索和解谜体验。

3.4.2　课后习题

　　1．如何增加穿越门、死路、多重迷宫功能？
　　2．如何添加重新开始功能？

第 4 章　使用 Unity 实现 AR 识物（接入 SDK）

扫一扫，看视频

　　AR 是一种将虚拟信息叠加到真实世界中的技术。它利用计算机图形学、图像处理、传感器技术等多种技术手段，将虚拟物体、图像、文字或声音等信息实时地嵌入真实环境中，使用户能够在现实世界中与虚拟元素进行交互。

　　AR 技术的原理主要基于计算机视觉、传感器融合和三维建模等技术。通过摄像头捕捉真实世界的图像，并利用计算机算法进行图像识别和处理，将虚拟信息准确地叠加到真实环境中。同时，利用传感器技术实时获取用户的头部、手部等运动信息，实现虚拟信息与真实世界的实时交互。

　　本章将介绍什么是 AR，如何制作 AR 项目，以及 AR SDK 的导入和使用方法等。

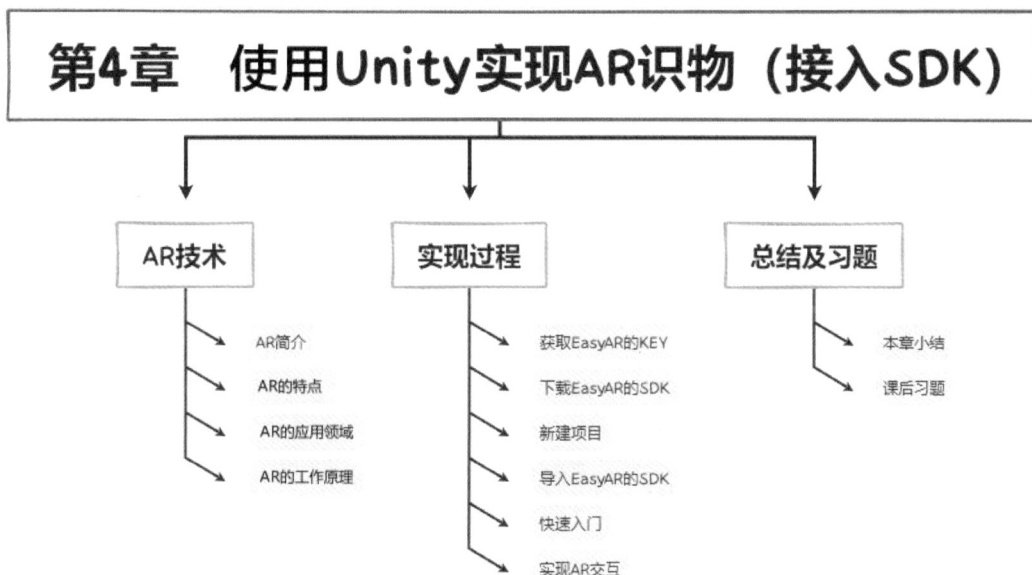

4.1　AR 技术

下面来了解一下什么是 AR。

4.1.1　AR 简介

　　AR 技术可以将真实世界信息和虚拟世界信息"无缝"集成，也就是把原本在现实世界一定时空范围内很难体验到的实体信息（视觉、声音、味道、触觉等），通过计算机等科学技术模拟仿真后再叠加，将虚拟的信息应用到真实世界，被人类感官所感知，从而达到超越现实的感官体验。

　　AR 体验的核心是在用户所处的真实世界空间与虚拟空间之间建立对应关系。当应用程序将虚拟内容与实时摄像头图像相结合时，用户会感受到现实的增强，仿佛虚拟内容是真实世界的一部分。

　　AR 技术不仅展现了真实世界的信息，还将虚拟的信息同时显示出来，两种信息相互补充、叠加。例如，在视觉化的增强现实中，用户利用头盔显示器，把真实世界与计算机图形合成在一起，产生身临其境的感觉。

　　AR 技术包含多媒体、三维建模、实时视频显示及控制、多传感器融合、实时跟踪及注册、场景融合等新技术与新手段。AR 提供了在一般情况下人类难以感知的信息。

　　总之，AR 技术通过计算机等科学技术模拟仿真，将虚拟信息与真实世界无缝叠加，为用户带来超越现实的感官体验。

4.1.2　AR 的特点

　　（1）实时性：AR 技术能够实时地将虚拟信息叠加到真实环境中，使用户能够立即看到虚拟元素与现实环境相结合的效果。

　　（2）交互性：AR 技术允许用户与虚拟元素进行交互，从而增强了用户的参与感和沉浸感。

　　（3）三维性：AR 技术能够呈现三维的虚拟信息，使用户能够在现实环境中观察到更加真实、立体的虚拟物体。

　　（4）多感官体验：AR 技术不仅限于视觉体验，还可以结合声音、触觉等多种感官信息，为用户提供更加丰富的体验方式。

4.1.3　AR 的应用领域

　　（1）教育领域：通过 AR 技术，能够突破场地、设备、环境等客观条件的限制，提供更直观和形象的教学场景。

　　（2）军事领域：部队可以利用 AR 技术进行方位识别，获取实时所在地点的地理数据等重要军事数据。

　　（3）古迹复原和数字化文化遗产保护：文化古迹的信息以 AR 的方式提供给参观者，用户不仅可以通过头戴式显示器（HMD）看到古迹的文字解说，还能看到遗址上残缺部分的虚拟重构。

　　（4）视频通信领域：使用 AR 和人脸跟踪技术，在视频通话过程中，可以实时在通话者的面部叠加虚拟物体，从而大大提高了视频对话的趣味性。

　　（5）影视领域：通过 AR 技术，可以在影视作品中实时叠加辅助信息，使观众可以得到更多的信息。

　　（6）娱乐、游戏领域：AR 游戏可以让不同地点的玩家共同进入一个真实的场景，或者使游戏场景与现实场景叠加达到更多娱乐的目的。

（7）旅游、展览领域：在浏览、参观的同时，通过 AR 技术可以实时获取途经建筑的相关资料，观看展品的相关数据。

4.1.4　AR 的工作原理

AR 的基本理念是将图像、声音和其他感官增强功能实时添加到真实世界的环境中。听起来似乎十分简单。而且，电视网络通过使用图像实现上述目的也已有数十年的历史了。

但是电视网络做的只是显示不能随着摄像机移动而进行调整的静态图像。AR 远比电视广播中见到的任何技术都要先进，尽管 AR 的早期版本是出现在电视播放的橄榄球比赛中。例如，Racef 和添加的第一次进攻线，都是由 SportVision 创造的。这些系统只能显示一个视角能看到的图像。下一代 AR 系统将显示从所有观看者的视角看到的图像。

在各类大学和高新技术企业中，AR 还处于研发的初级阶段。最终，预计在 2023 年，我们将看到第一批大量投放市场的 AR 系统。有研究者将其称为"21 世纪的随身听"。

AR 要努力实现的不仅是将图像实时添加到真实的环境中，还要更改这些图像以适应用户的头部及眼睛的转动，以便图像始终在用户的视角范围内。

下面是使 AR 系统正常工作所需的 3 个组件。

● 头戴式显示器。

● 跟踪系统。

● 移动计算能力。

AR 的开发人员的目标是将这 3 个组件集成到一个单元中，放置在用带子固定的设备中，该设备能以无线方式将信息传输到类似于普通眼镜的显示器上。

4.2　实　现　过　程

EasyAR 是一款功能强大且免费的全平台增强现实（AR）引擎，支持多种增强现实功能，适用于 PC 和移动设备等多个平台。其主要特点包括：支持基于平面目标的 AR 功能；能够流畅加载和识别 1000 个以上的本地目标；支持基于硬件解码的视频播放，包括透明视频和流媒体；支持二维码识别；支持多目标同时跟踪。

此外，EasyAR 不会在应用中显示水印，也没有识别次数的限制。

在使用 EasyAR package 或 EasyAR 样例之前，需要先获取一个 Key。下面就来获取这个 Key。

4.2.1　获取 EasyAR 的 Key

使用 EasyAR 之前需要使用邮箱注册。

（1）登录 EasyAR 官网进行账号注册，如图 4-1 所示（页面内容会根据官网的更新而改变，下载安装界面也可能会随着版本的更新而有所改变）。

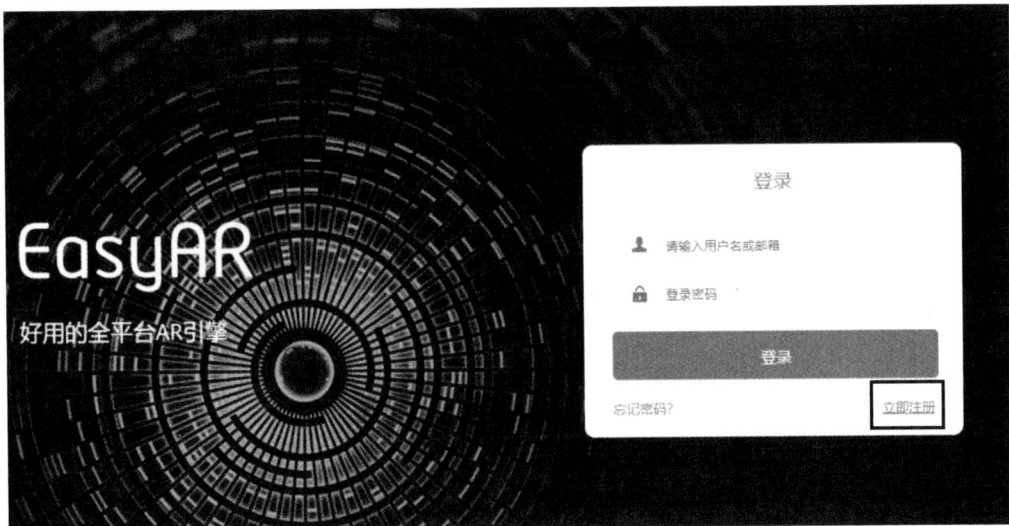

图 4-1　EasyAR 的官网

🔊 提示：

如果已经在 EasyAR 官网注册，可以直接登录。

（2）注册完账号之后，登录 EasyAR 官网的开发中心，单击"我需要一个新的 Sense 许可证密钥"按钮，为 AR APP 申请 Key，如图 4-2 所示。

（3）在"订阅 Sense"窗口中选择 Basic 版本，这里选择"EasyAR Sense 4.0 个人版"进行学习，因为个人版不可商用，有水印，如图 4-3 所示。

图 4-2　EasyAR 官网的开发中心

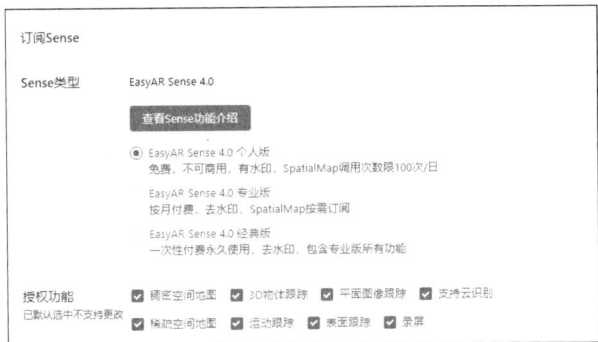

图 4-3　申请一个新的 Key

（4）填写应用详情，包括"应用名称"与打包移动平台时必填的 Package Name，然后单击"确认"按钮即可，如图 4-4 所示。

（5）确认完之后，即可查看 Key，如图 4-5 所示，Key 稍后在项目中会用到。

在创建应用设置参数时，可以对"应用名称""Bundle ID"进行修改。

Bundle ID 和 Package Name 主要在打包程序时会用到。

（6）准备好 Key 之后，就需要导入 AR 的 SDK 了。

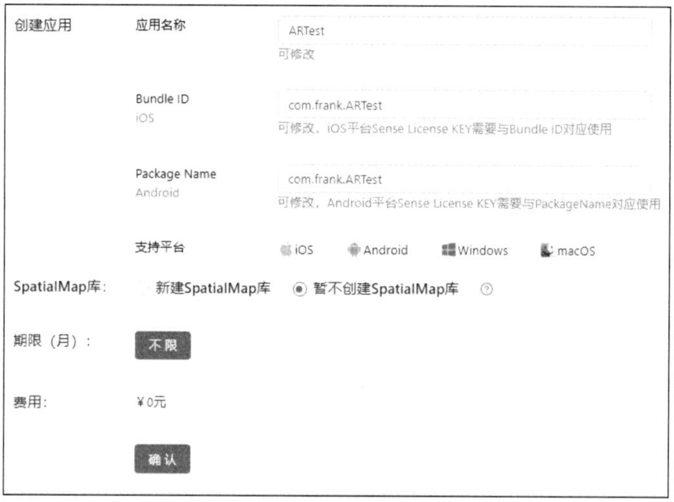

创建应用	应用名称	ARTest
		可修改
	Bundle ID iOS	com.frank.ARTest
		可修改，iOS平台Sense License KEY需要与Bundle ID对应使用
	Package Name Android	com.frank.ARTest
		可修改，Android平台Sense License KEY需要与PackageName对应使用
	支持平台	iOS Android Windows macOS
SpatialMap库：	新建SpatialMap库	暂不创建SpatialMap库
期限（月）：	不限	
费用：	¥0元	
	确认	

图 4-4　创建应用设置参数

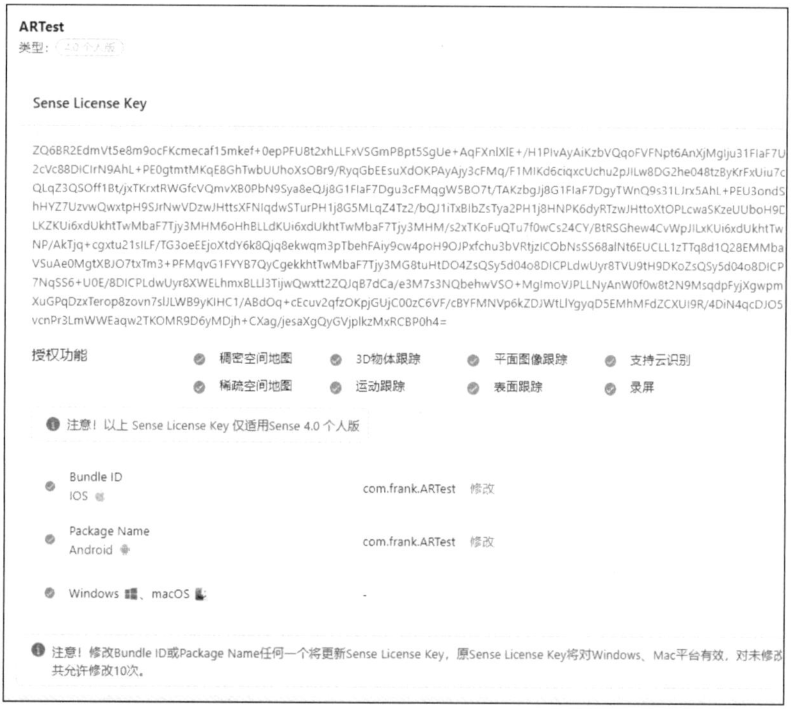

ARTest
类型：3.0 个人版

Sense License Key

ZQ6BR2EdmVt5e8m9ocFKcmecaf15mkef+0epPFU8t2xhLLFxVSGmPBpt5SgUe+AqFXnlXlE+/H1PlvAyAiKzbVQqoFVFNpt6AnXjMgIju31FlaF7U
2cVc88DICIrN9AhL+PE0gtmtMKqE8GhTwbUUhoXsOBr9/RyqGbEEsuXdOKPAyAjy3cFMq/F1MIKd6ciqxcUchu2pJILw8DG2he048tzByKrFxUiu7c
QLqZ3QSOff1Bt/jxTKrxtRWGfcVQmvXB0PbN9Sya8eQJj8G1FlaF7Dgu3cFMqgW5BO7t/TAKzbgJj8G1FlaF7DgyTWnQ9s31LJrx5AhL+PEU3ondS
hHYZ7UzvwQwxtpH9SJrNwVDzwJHttsXFNIqdwSTurPH1j8U5MLqZ4Tz2/bQJ1iTxBIbZsTya2PH1j8HNPK6dyRTzwJHttoXtOPLcwaSKzeUUboH9C
LKZKUi6xdUkhtTwMbaF7Tjy3MHM6oHhBLLdKUi6xdUkhtTwMbaF7Tjy3MHM/s2xTKoFuQTu7f0wCs24CY/BtRSGhew4CvWpJILxKUi6xdUkhtTw
NP/AkTjq+cgxtu21slLF/TG3oeEEjoXtdY6k8Qjq8ekwqm3pTbehFAiy9cw4poH9OJPxfchu3bVRtjzICObNsSS68alNt6EUCLL1zTTq8d1Q28EMMba
VSuAe0MgtXBJO7txTm3+PFMqvG1FYYB7QyCgekkhtTwMbaF7Tjy3MG8tuHtDO4ZsQSy5d04o8DICPLdwUyr8TVU9tH9DKoZsQSy5d04o8DICP
7NqSS6+U0E/8DICPLdwUyr8XWELhmxBLLl3TijwQwxtt2ZQJqB7dCa/e3M7s3NQbehwVSO+MgImoVJPLLNyAnW0f0w8t2N9MsqdpFyjXgwpm
XuGPqDzxTerop8zovn7slJLWB9yKIHC1/ABdOq+cEcuv2qfzOKpjGUjC00zC6VF/cBYFMNVp6kZDJWtLIYgyqD5EMhMFdZCXUi9R/4DiN4qcDJO5
vcnPr3LmWWEaqw2TKOMR9D6yMDjh+CXag/jesaXgQyGVjplkzMxRCBP0h4=

授权功能			
稠密空间地图	3D物体跟踪	平面图像跟踪	支持云识别
稀疏空间地图	运动跟踪	表面跟踪	录屏

⚠ 注意！以上 Sense License Key 仅适用Sense 4.0 个人版

Bundle ID iOS		com.frank.ARTest	修改
Package Name Android		com.frank.ARTest	修改
Windows、macOS		-	

⚠ 注意！修改Bundle ID或Package Name任何一个将更新Sense License Key，原Sense License Key将对Windows、Mac平台有效，对未修改共允许修改10次。

图 4-5　申请的 Key

4.2.2　下载 EasyAR 的 SDK

登录 EasyAR 官网下载 "EasyAR Sense Unity Plugin"，如图 4-6 所示。

下载解压后，如图 4-7 所示。

接下来，我们开始进行游戏开发。

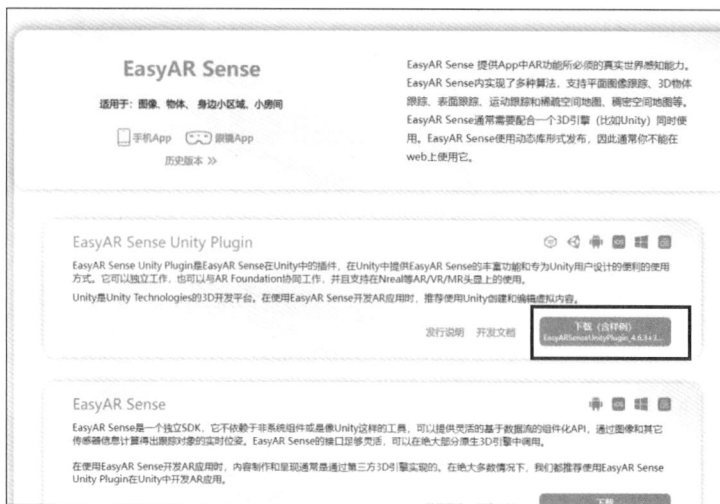

图 4-6　下载 EasyAR 的 Unity 安装包

图 4-7　EasyAR 的插件包

4.2.3　新建项目

打开 Unity Hub，选择新建项目，选择 Unity 2022.3.57f1c2 版本，再选择 3D（Built-In Render Pipeline）模板，输入项目名称，选择项目保存位置，单击"创建项目"按钮即可，如图 4-8 所示。

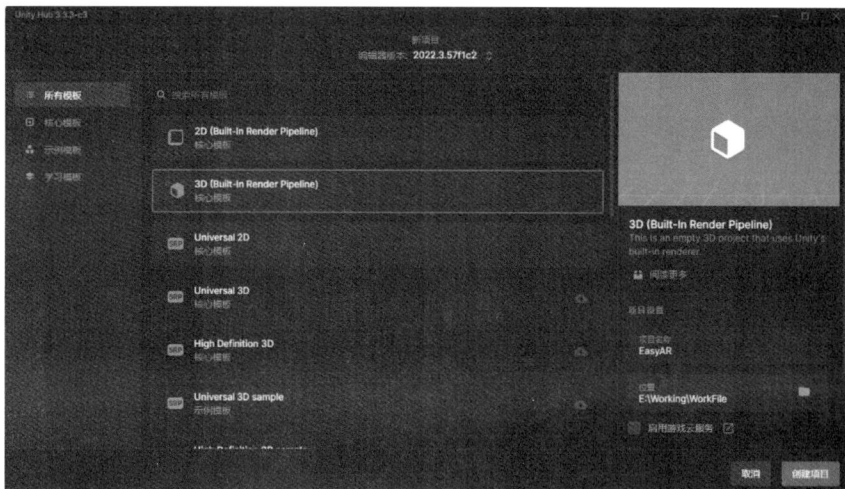

图 4-8　新建项目

4.2.4　导入 EasyAR 的 SDK

（1）在 Unity 编辑器中，选择 Window→Package Manager 命令，打开包管理器，如图 4-9 所示。

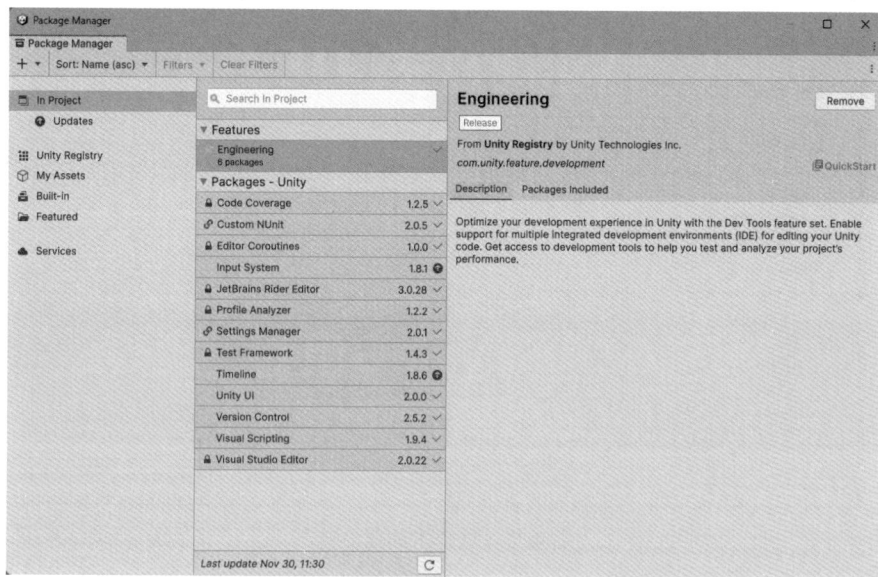

图 4-9　打开包管理器

（2）单击包管理器左上角的"+"按钮，在弹出的下拉菜单中选择 Install package from tarball 命令，导入本地插件包，如图 4-10 所示。

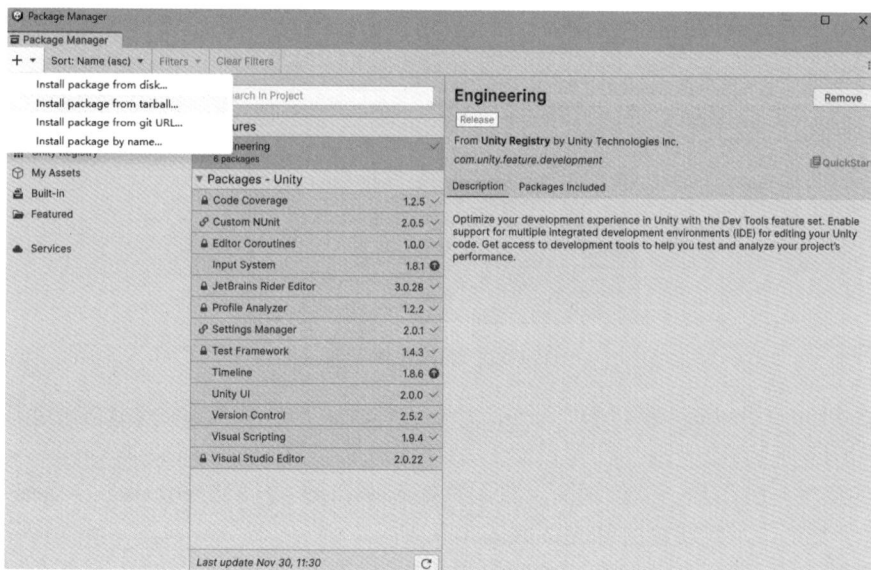

图 4-10　导入本地插件包

（3）在弹出的对话框中选择下载解压后的插件包，如图 4-11 所示。

图 4-11 选择本地插件包

（4）等待导入完成即可。

4.2.5 快速入门

上一小节已经完成了插件的下载和导入，接下来就实际操作如何使用这个插件。

（1）在菜单栏中选择 EasyAR→Sense→Configuration 命令，进行插件参数配置，如图 4-12 所示。

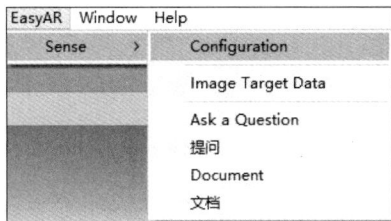

图 4-12 配置插件参数

（2）在 Project Settings 窗口中，将 4.2.1 小节申请的 Key 填入 EasyAR Sense License Key 栏中，如图 4-13 所示。

（3）任意找一张图片当作识别图，将图片拖到 Project 视图的 StreamingAssets 文件夹中，如果没有这个文件夹，就新建文件夹，如图 4-14 所示。

（4）新建一个场景，设置 Main Camera 的 Clear Flags 为 Solid Color，Background 设置为纯黑色，如图 4-15 所示。

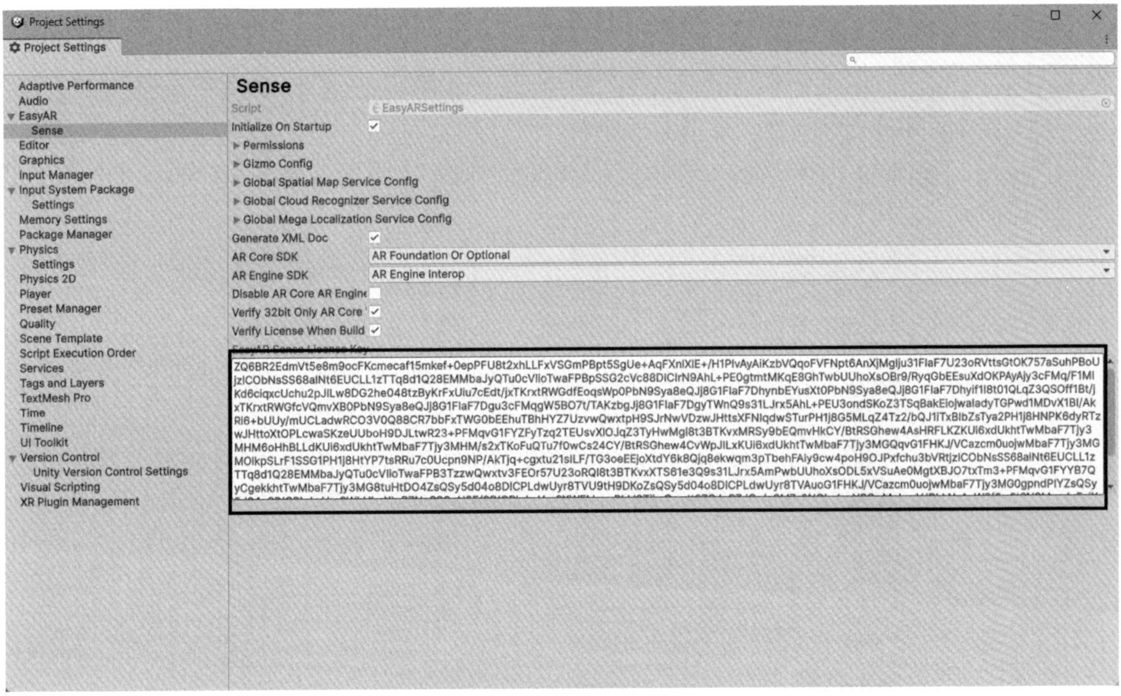

图 4-13 将申请的 Key 复制之后填入

图 4-14 导入识别图

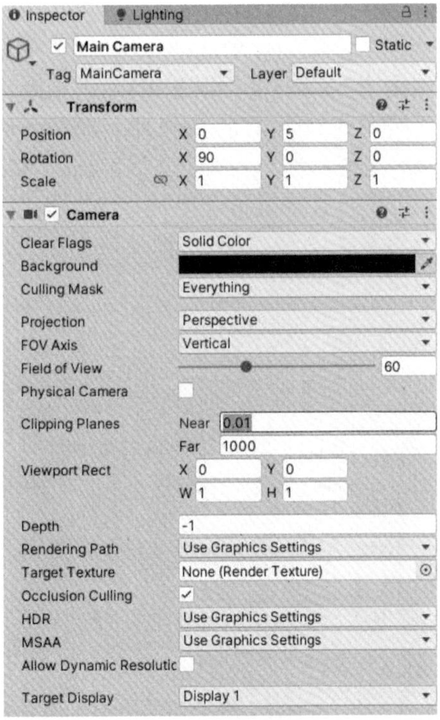

图 4-15 设置 Main Camera 的属性

📢 提示：

将 Main Camera 组件的 Clear Flags 属性设置为 Solid Color 是必需的，否则无法显示摄像头的画面。

（5）在 Hierarchy 视图中，单击左上角的"+"按钮，在弹出的下拉菜单中选择 EasyAR Sense→Image Tracking→AR Session（Image Tracking Preset）命令，添加 AR Session 对象，如图 4-16 所示。

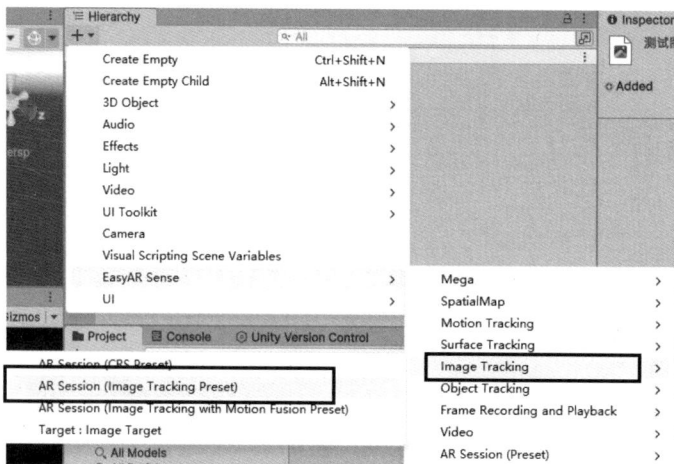

图 4-16　添加 AR Session 对象

（6）再添加一个 Image Target 对象。单击左上角的"+"按钮，在弹出的下拉菜单中选择 EasyAR Sense→Image Tracking→Target：Image Target 命令，添加 Image Target 对象。

（7）在 Hierarchy 视图中，选中 Image Target 对象，右击，在弹出的快捷菜单中选择 3D Object→Cube 命令，新建一个 Cube，将其位置、旋转设置为(0,0,0)，如图 4-17 所示。

（8）在 Hierarchy 视图中，选中 Image Target 对象，在 Inspector 视图中调整参数，如图 4-18 所示。

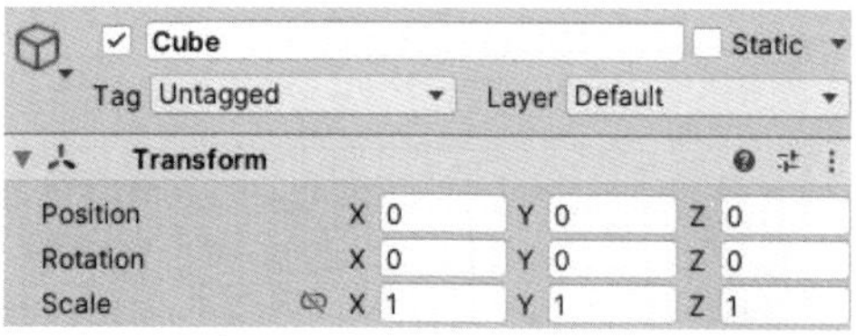

图 4-17　在 Image Target 对象下添加模型

图 4-18　将 Image Target 对象导入场景，设置参数

📢 提示：

Image File Source 下拉菜单中的 Path 属性填的是导入 StreamingAssets 文件夹中的图片的名字和后缀名，不用跟图中一样，要以导入图片的名字为准。

（9）现在需要调整 Hierarchy 视图中的 Main Camera 对象，使其正向照射到图片上。选中 Main Camera 对象，在 Scene 视图中调整好位置之后，使用 Ctrl+Shift+F 组合键，快速将选中的对象对齐到窗口中，如图 4-19 所示。

图 4-19　设置摄像机的位置和旋转

（10）保存场景之后，在菜单栏中选择 File→Build Profiles 命令，弹出 Build Profiles（打包配置）窗口，先单击 Open Scene List 按钮，然后单击 Add Open Scenes 按钮，将当前场景添加进去，平台选择 Android，如图 4-20 所示。

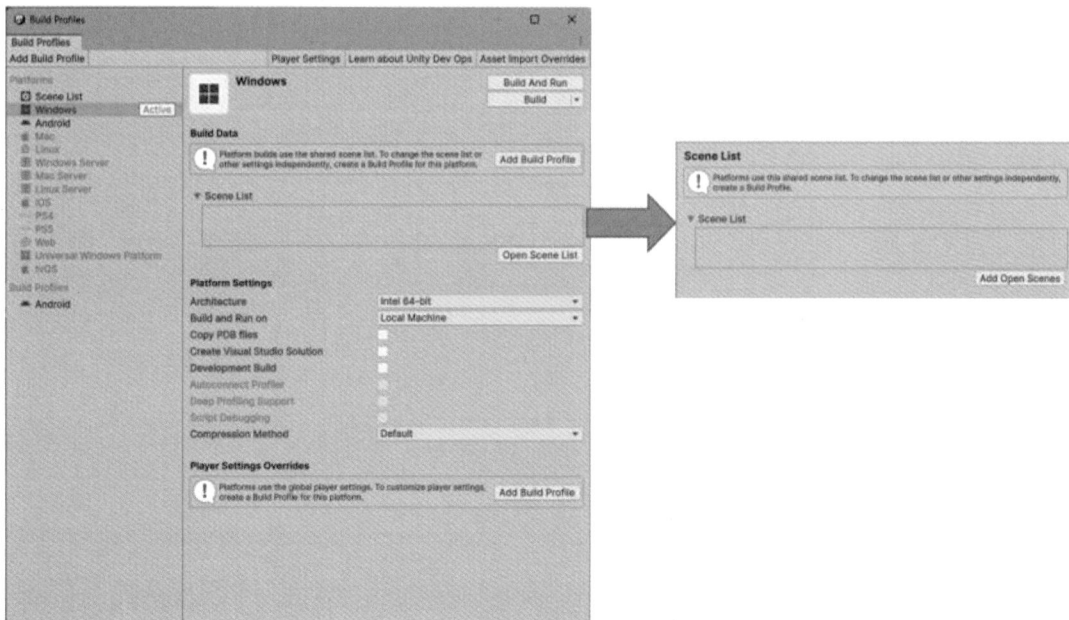

图 4-20　Build Profiles 窗口

🔊 **提示：**

　　如果在切换到 Android 平台时，提示 No Android module loaded，说明这个版本未安装 Android 模块，需要单击 Open Download Page 按钮下载模块，然后进行安装，安装完成后还需要设置 Android 环境和 SDK，本文不再详述。

　　（11）单击 Add Build Profile（打包配置），在窗口最下面单击 Customize player settings（自定义播放器设置），找到 Other Settings 选项，打开这个选项，找到 Package Name，将这个修改成申请 Key 时填写的字段，如图 4-21 所示。

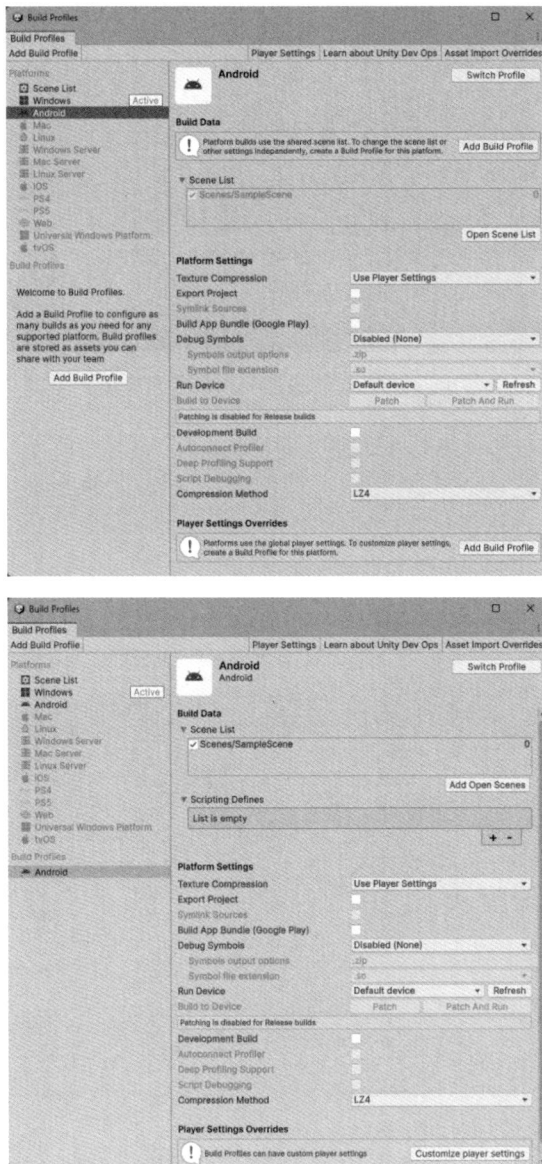

图 4-21　打包配置

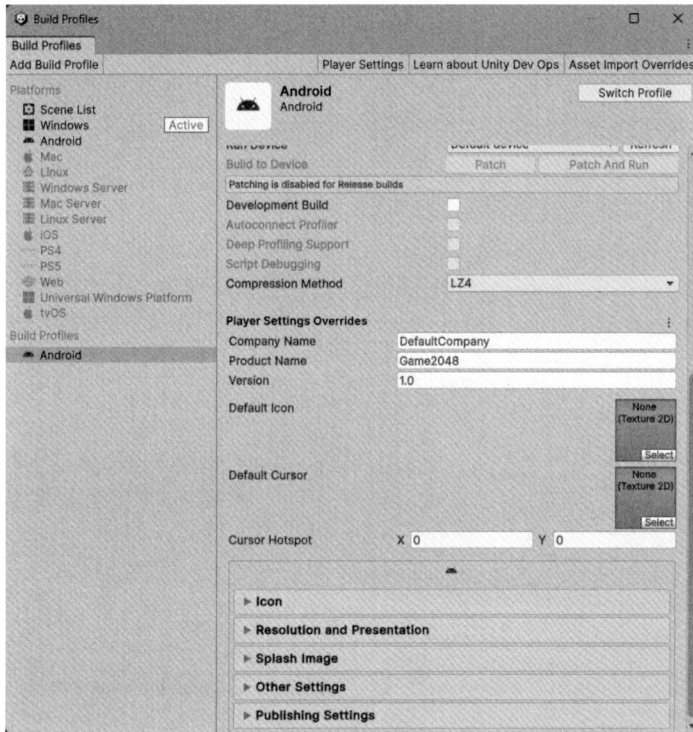

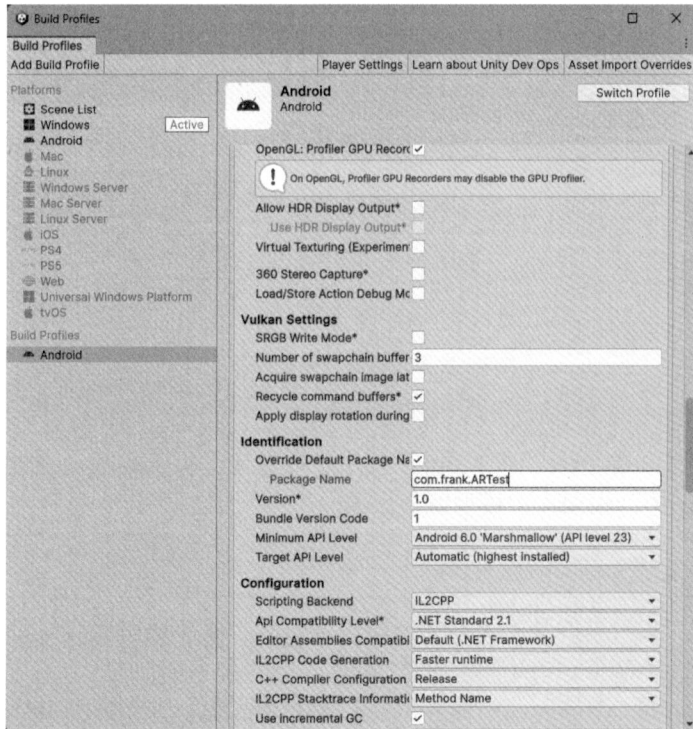

图 4-21　打包配置（续）

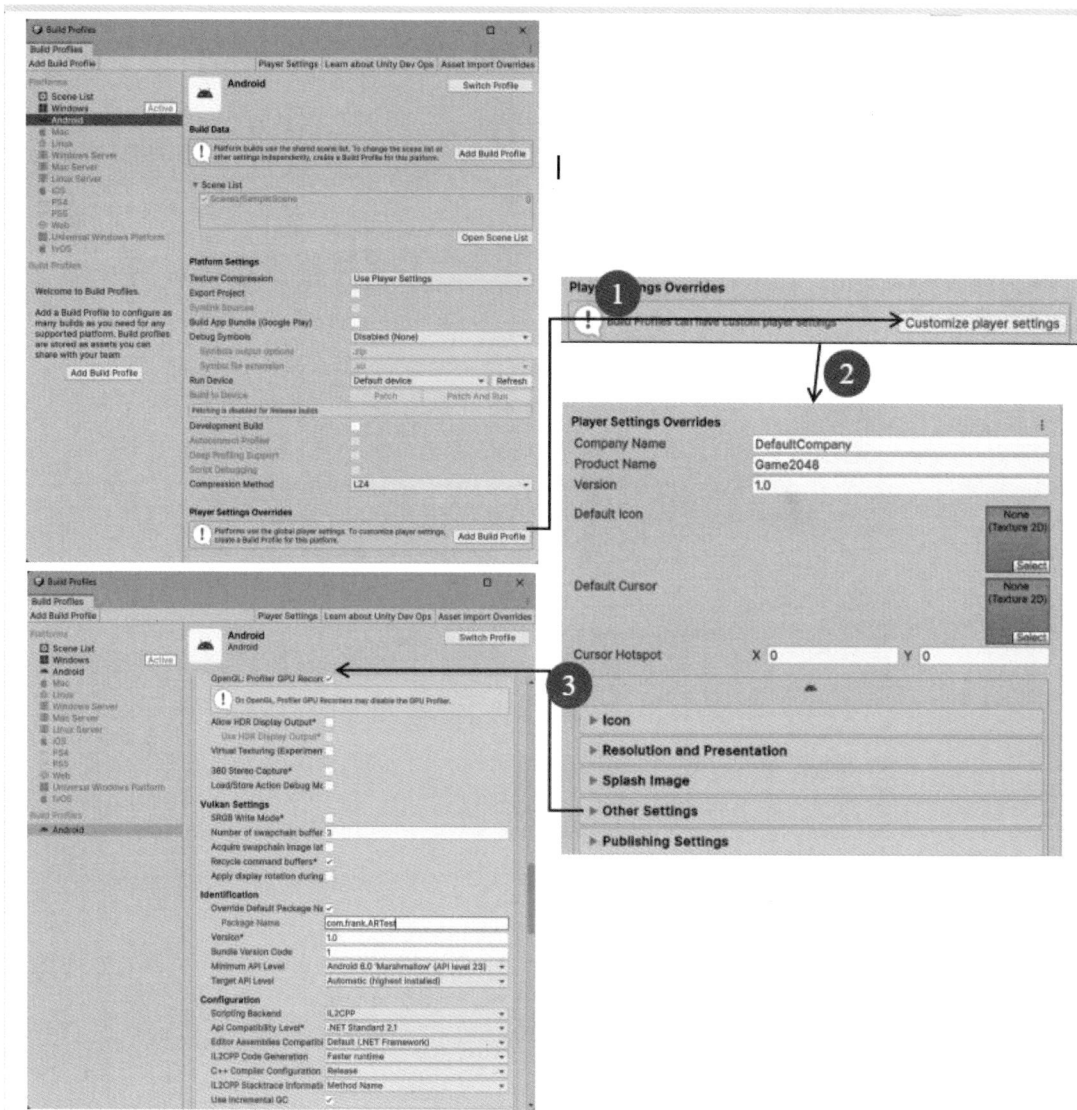

图 4-21　打包配置（续）

（12）滑动到窗口最上面，单击 Build 按钮进行打包，将生成的安装包安装到手机上，运行，扫描导入 Unity 的这张图片，模型就出来了。

4.2.6　实现 AR 交互

接下来，在能加载模型的基础上增加一些模型交互，以实现单击模型时更改模型的颜色。

（1）打开 4.2.5 小节搭建的场景，选中 ImageTarget 对象下面的 Cube 对象，右击，在弹出的快捷菜单中选择 Add Component→New Script 命令，命名为 ChangeColor，双击打开脚本，修改脚本，参考代码 4-1。

代码 4-1　颜色切换控制脚本实现

```
using UnityEngine;

public class ChangeColor: MonoBehaviour
{
    public Material blue;
    public Material red;
    private bool isClick = false;
    void OnMouseDown()
    {
        if (!isClick)
        {
            gameObject.GetComponent<MeshRenderer>().material = blue;
            isClick = true;
        }
        else
        {
            gameObject.GetComponent<MeshRenderer>().material = red;
            isClick = false;
        }
    }
}
```

（2）在 Project 视图中，选择 Create→Rendering→Material 命令，新建一个材质球，命名为 blue，调整主通道的颜色为蓝色，如图 4-22 所示。

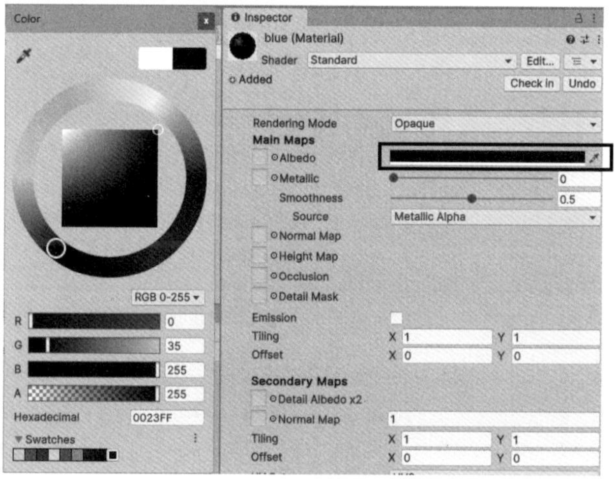

图 4-22　新建材质球，设置属性

（3）选择 Create→Rendering→Material 命令，新建一个材质球，命名为 red，调整主通道的颜色为红色。

（4）将这两个材质球拖到 Cube 对象的 Change Color 组件的 Blue 和 Red 卡槽中，如图 4-23 所示。

（5）单击 Build 按钮打包，运行程序，扫描图片，出现模型后，单击模型就可以看到效果了。

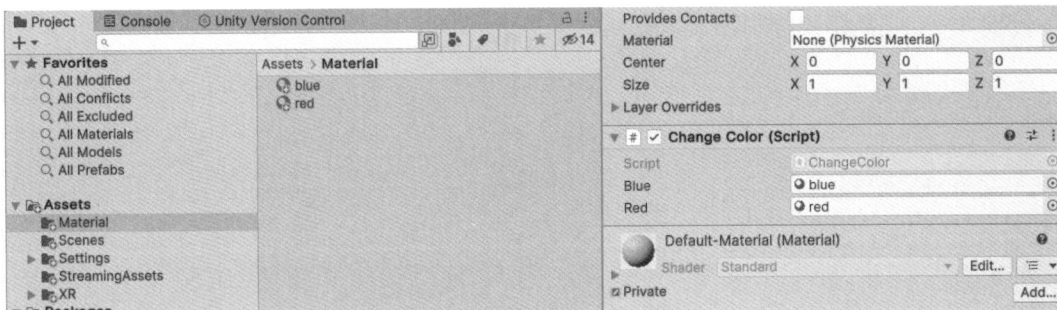

图 4-23　将材质球拖入组件的卡槽中

4.3　总结及习题

4.3.1　本章小结

本章介绍了什么是 AR，AR 是一种将真实世界信息和虚拟世界信息相结合的新技术，是把原本在现实世界一定时空范围内很难体验到的实体信息，通过计算机等科学技术模拟仿真后再叠加，将虚拟的信息应用到真实世界，被人类感官所感知，从而达到超越现实的感官体验。

AR 的应用领域也很广。例如，在教育领域，AR 可以提供更直观和形象的教学场景；在军事领域，AR 可以进行方位的识别，获得所在地点的地理数据等信息；在影视领域，AR 可以在影视中实时将辅助信息叠加到画面中，使观众可以得到更多的信息；在旅游、观看展览时，AR 可以将途经建筑或者物体的相关资料进行展示。

本章还使用 EasyAR 插件介绍了 AR 的使用和开发流程；AR 的开发实例，如多图识别、AR 模型交互等，让读者可以真正着手开发属于自己的 AR 项目。

4.3.2　课后习题

本章已经完成了一个 AR 模型交互的案例，单击模型，可以更改它的颜色，试着用 AR 实现手指拖动、缩放模型。

第 5 章　使用 Unity 制作 VR 项目（拆解案例）

扫一扫，看视频

　　VR 技术，早期译为"灵境技术"是多媒体技术的终极应用形式，也是计算机软硬件技术、传感技术、人工智能及行为心理学等多学科领域飞速发展的结果。

　　VR 主要依赖于三维实时图形显示、三维定位跟踪和触觉传感技术，其基本实现方式是通过计算机模拟虚拟环境，从而给人以身临其境的沉浸感。

　　随着社会生产力和科学技术的不断发展，各行各业对 VR 技术的需求与日俱增，VR 技术取得了巨大进步。

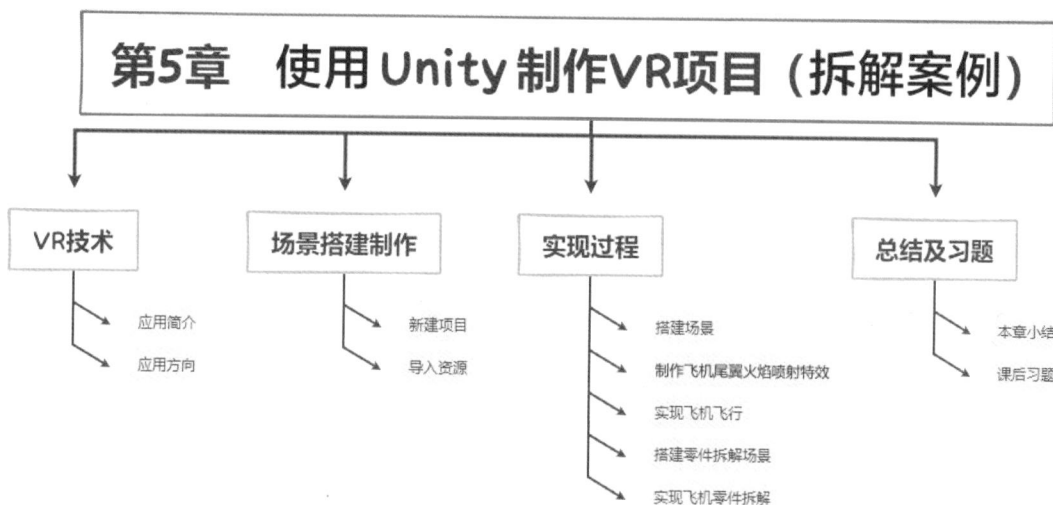

5.1　VR 技术

　　本章将介绍什么是 VR，VR 的应用方向，开发 VR 项目的方法，以及搭配插件的使用方法等。

5.1.1　应用简介

　　VR 是一种可以创建和体验虚拟世界的计算机系统，它利用计算机技术生成一个三维的、逼真的环境，用户通过与虚拟环境中的对象进行交互，从而产生身临其境的感受，VR 技术的特点如下。

（1）沉浸感：使用户处于三维空间中，利用视觉器官对虚拟世界发生适应性反馈。

（2）交互式体验：用户通过动作、手势、语言等能够与虚拟世界进行有效沟通。

（3）动作追踪：利用动捕设备可以实现对用户在虚拟世界动作等信息的更新。

5.1.2　应用方向

VR 的应用领域非常多，目前来看还有不断拓展应用领域的趋势，典型的有以下几个应用领域。

（1）视频游戏：VR 视频、VR 游戏能够为玩家提供沉浸式体验，带来更加真实的感受，从而提升娱乐效果。

（2）VR 房地产：通过 VR 技术搭建 VR 样板房，用户可以更逼真地查看房屋的装修、布局和家具摆放，是应用比较广的领域。

（3）VR 医疗：主要用于构建虚拟人体模型以及模拟手术场景等，提高虚拟环境的真实感，借助虚拟外设，用户可以逼真地学习医疗知识，进行虚拟现实应用。

（4）VR 教育：将 VR 技术与教学相融合，以优质教育资源为核心，集终端、应用系统、平台、内容于一体，将抽象的概念具象化，为学习者打造高度仿真、交互式、沉浸式的三维学习环境。

（5）VR 零售：结合 VR 技术，弥补线上体验不足的问题。通过 VR 全景店铺和虚拟购物体验，让用户可以身临其境地感受店铺中的商品。

（6）VR 工程：基于 VR 技术对工程进行模拟规划与控制，实现工程进度控制、施工计划制订、物资消耗、资金投入、人员调配等工作的综合管理。

（7）VR 军事：通过 VR 技术模拟特定训练区域，配合 VR 跑步机等设备实现无限空间演练，模拟事故发生以及事故应用处理。

介绍了 VR 的应用领域后，接下来将实现一个 VR 案例，以了解 VR 开发。

5.2　场景搭建制作

本节将搭建飞机的场景，实现飞机的飞行功能，将前面章节学到的 Unity 知识实际运用起来。

5.2.1　新建项目

打开 Unity Hub，选择新建项目，选择 Unity 2022.3.57f1c2 版本，因为案例是 3D 的，所以选择 3D（Built-In Render Pipeline）模板，输入项目名称，选择项目保存位置，单击"创建项目"按钮即可，如图 5-1 所示。

图 5-1　新建项目

5.2.2　导入资源

Unity 编辑器加载完成后，将需要的资源文件导入，资源路径："资源包→第 5 章资源文件"，如图 5-2 所示。

Aircraft.unitypackage 包含所有的资源文件，DOTweenPro.unitypackage 是 DOTweeen 插件包，Highlighting System.unitypackage 是高亮插件包。因为 Aircraft.unitypackage 包含了所有的资源文件，所以导入这一个资源包即可，如图 5-3 所示。

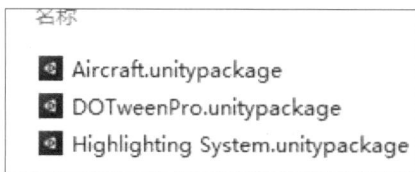

图 5-2　将需要的资源导入项目中

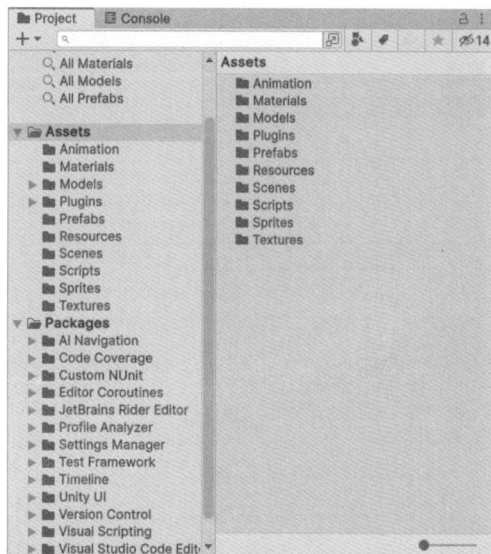

图 5-3　资源目录结构

5.3 实 现 过 程

5.3.1 搭建场景

在 Project 视图中的 Scenes 目录下，双击 Level1.unity 场景文件，打开场景，如图 5-4 所示。下面介绍预设的场景。

- Level1：没有经过搭建的场景，接下来就基于这个场景进行场景的搭建。
- Level2_Finish：搭建完成后的场景，如果在搭建场景中遇到问题，或者无法往下进行，可以打开这个场景继续进行开发。
- Level3：5.3.4 小节中将用到的进行零件拆分的场景。
- Level4_Split：将零件拆分完成后的场景，后面会详细介绍。
- Level5_SplitFinish：5.3.3 小节完成后的最终场景。
- Level6_UI：5.3.4 小节将用到的场景。
- Level7_UIFinish：5.3.4 小节完成后的最终场景。

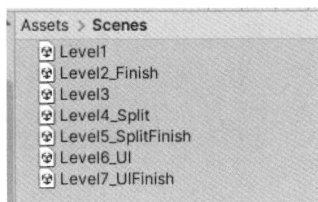

图 5-4　所有的场景文件

下面在 Level1 场景下进行场景的搭建。

（1）在 Project 视图中，将 Models 目录下的 GroundRunway.FBX 地面跑道模型拖入场景中，如图 5-5 所示。

（2）在 Project 视图中，将 Models 目录下的 AircraftFuselage.FBX 飞机机身模型拖入场景中，如图 5-6 所示。

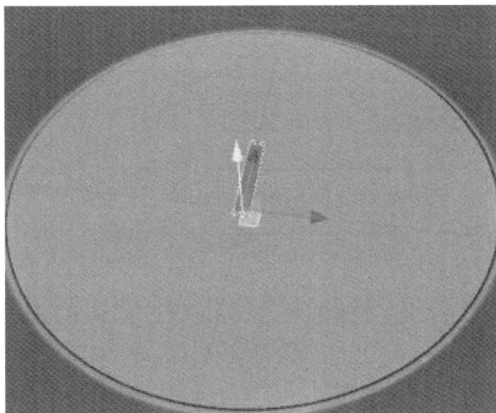

图 5-5　地面跑道模型

图 5-6　飞机机身模型

接下来对飞机机身模型进行美化。

（3）在 Project 视图中，将 Models 目录下的 AircraftWingsJet.FBX 喷气式机翼模型拖入场景中，本章以喷气式机翼为例进行制作，如图 5-7 所示。

当前目录下还有一个 AircraftWingsPropeller.FBX 机翼模型，这是滑翔机的机翼，滑翔机机翼的制作步骤与喷气式机翼类似，感兴趣的读者可以使用滑翔机的机翼。

（4）调整摄像机，调整 Main Camera 的位置到(0,10,−23)，旋转设置为(10,0,0)，让摄像机从顶部进行俯视，如图 5-8 所示。

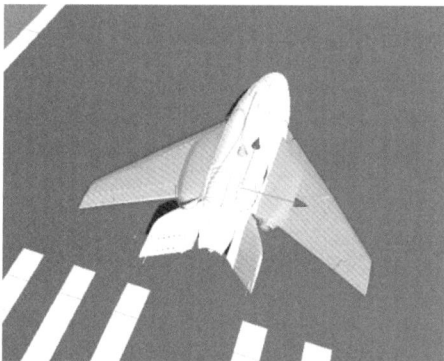

图 5-7　喷气式机翼模型

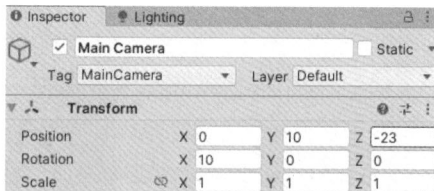

图 5-8　设置摄像机的位置

（5）调整灯光的参数，在 Hierarchy 视图中选择 Directional Light 对象，调整 Light 组件的参数，将 Color 的 Hexadecimal 的值设置为 DBDBDB，如图 5-9 所示。

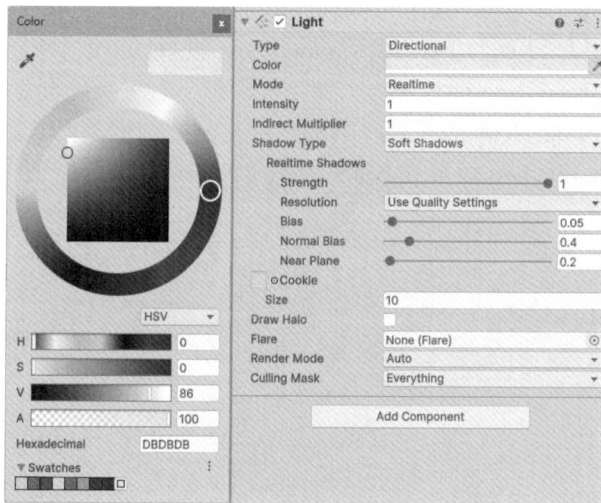

图 5-9　设置灯光的颜色

（6）打开灯光设置窗口，在菜单中选择 Window→Rendering→Lighting 命令，打开灯光设置窗口，如图 5-10 所示。

（7）设置 Skybox Material（天空材质球），在 Lighting 窗口中，切换到 Environment 面板，找到 Skybox Material 属性，将 Skybox Material（天空材质球）设置为 SkyboxProcedural，如图 5-11 所示。

（8）制作材质球，在 Project 视图中右击，在弹出的快捷菜单中选择 Create→Material 命令，输入名字 AircraftFuselageGrey，新建一个材质球，如图 5-12 所示。

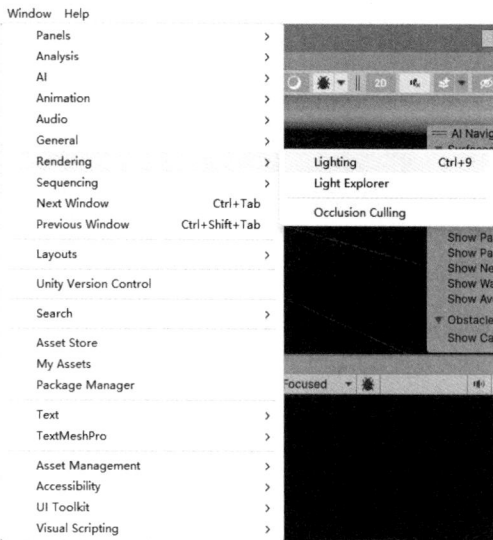

图 5-10　打开灯光设置窗口

图 5-11　设置材质球

（9）调整材质球的参数，因为飞机表面是金属材质，所以将 Shader 设置为 Standard(Specular setup) 镜面设置；Albedo 的 Color 的 Hexadecimal 值设置为 7F7F7F；Specular 的 Color 的 Hexadecimal 值设置为 191919；Smoothness 设置为 0.4；Normal Map（法线贴图）栏将 AircraftFuselageNormals.png 图片拖入左侧图片卡槽，右侧数值设置为 1；Occlusion（遮挡贴图）栏将 AircraftFuselageOcclusion.png 图片拖入左侧图片卡槽，右侧数值设置为 1；勾选 Emission；将 Global Illumination 设置为 None，如图 5-13 所示。

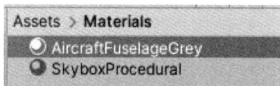

图 5-12　新建材质球

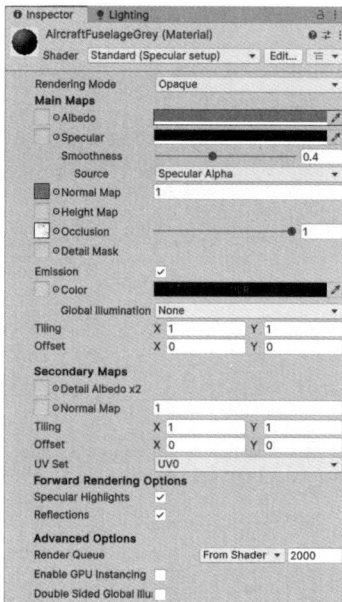

图 5-13　材质球属性设置 1

（10）在 Hierarchy 视图中，选择 AircraftFuselage 对象下面的所有子对象，不包含 AircraftFuselage 对象本身；在 Inspector 视图中，修改 Mesh Renderer 组件的 Materials 属性为上一步制作好的材质球 AircraftFuselageGrey，如图 5-14 所示。

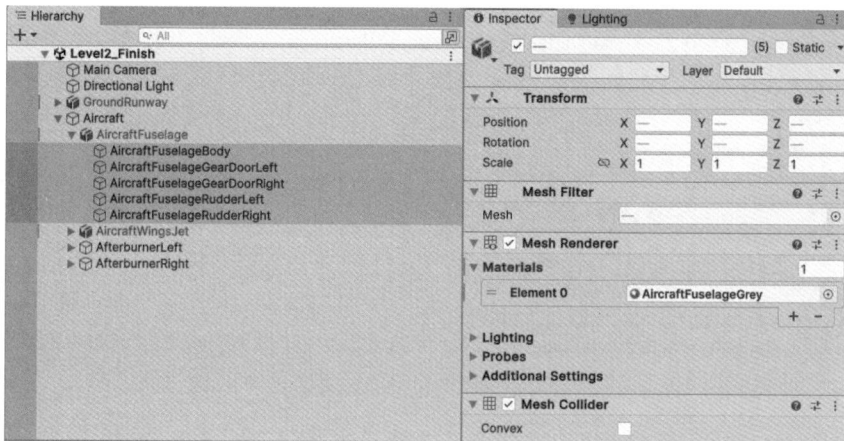

图 5-14　修改模型的材质球 1

（11）以同样的步骤，再制作机翼的材质球 AircraftWingsJetGrey，调整材质球的参数，将 Shader 设置为 Standard(Specular setup)镜面设置；Albedo 的 Color 的 Hexadecimal 值设置为 7F7F7F；Specular 的 Color 的 Hexadecimal 值设置为 191919；Smoothness 设置为 0.4；Normal Map（法线贴图）栏将 AircraftWingsJetNormals.png 图片拖入左侧图片卡槽，右侧数值设置为 1；Occlusion（遮挡贴图）栏将 AircraftWingsJetOcclusion.png 图片拖入左侧图片卡槽，右侧数值设置为 1；勾选 Emission；将 Global Illumination 设置为 None，如图 5-15 所示。

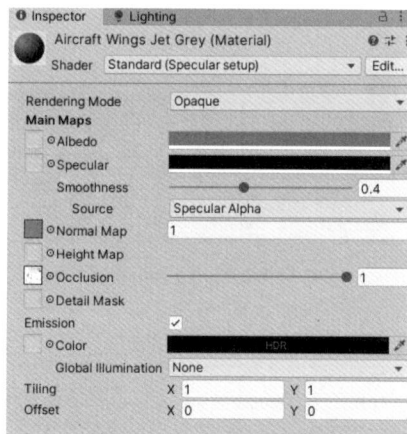

图 5-15　材质球属性设置 2

（12）在 Hierarchy 视图中，选择 AircraftWingsJet 对象下面的所有子对象，不包含 AircraftWingsJet 对象本身；在 Inspector 视图中，修改 Mesh Renderer 组件的 Materials 属性为上一步制作好的材质球 AircraftWingsJetGrey，如图 5-16 所示。

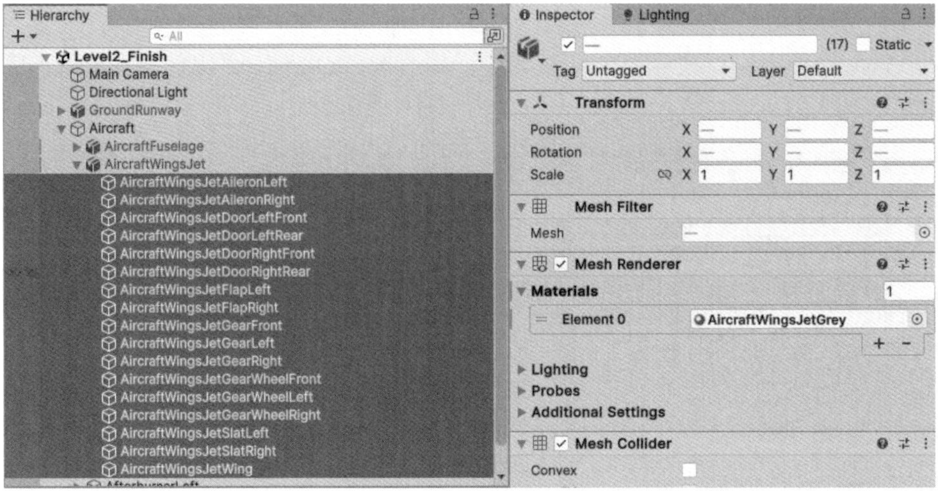

图 5-16　修改模型的材质球 2

（13）到了这一步，场景就搭建完成了，完成后的场景如图 5-17 所示。

图 5-17　完成后的场景

5.3.2　制作飞机尾翼火焰喷射特效

本小节介绍如何使用 Unity 的粒子系统制作飞机尾翼火焰喷射特效，通常粒子特效由专门的特效师制作，所以不想学习粒子特效制作的读者可以跳过本小节，直接使用 Project 视图中的 Prefabs 文件夹中的 Afterburner.prefab 文件。

下面介绍如何使用粒子系统制作飞机尾翼火焰喷射特效。

（1）在 Hierarchy 视图中右击，在弹出的快捷菜单中选择 Effects→Particle System 命令，新建一个粒子系统对象，如图 5-18 所示。

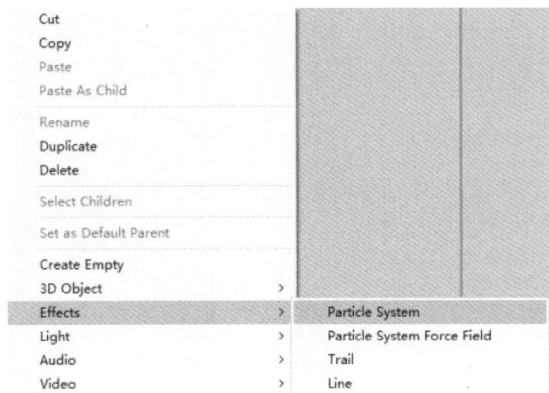

图 5-18　新建一个粒子系统对象

（2）设置 Particle System 组件的属性，将 Duration（持续时间）设置为 1，Start Lifetime（启动时间）设置为 0.3，Start Speed（初始速度）设置为 32，Start Size（初始大小）设置为 1.2～1.4，Scaling Mode（缩放模式）设置为 Shape，Culling Mode（消散模式）设置为 Pause and Catch-up（暂停和追赶），如图 5-19 所示。

（3）勾选 Emission，设置 Rate over Time 为 80，如图 5-20 所示。

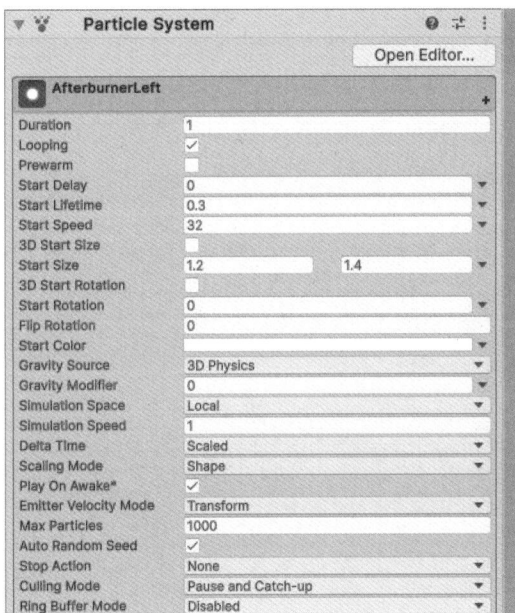

图 5-19　粒子系统设置

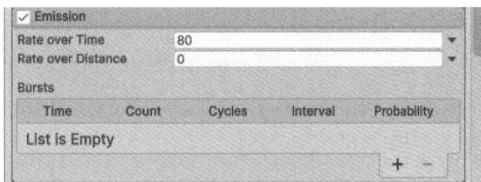

图 5-20　发射器设置

（4）取消勾选 Shape，勾选 Color over Lifetime，设置 Color，如图 5-21 所示。

在弹出的 Gradient Editor 窗口中，设置 Mode 为 Blend，接着设置颜色渐变，在颜色板的上方区域设置透明度，下方区域设置颜色，左右透明度设置为 0，以确保边缘完全透明，中间透明度设置为 30，以实现中间部分的半透明效果。

（5）勾选 Size over Lifetime，将最下面的 Particle System Curves 设置窗口拉起来，就可以设置曲线了，设置 Size 为图 5-22 所示的曲线。

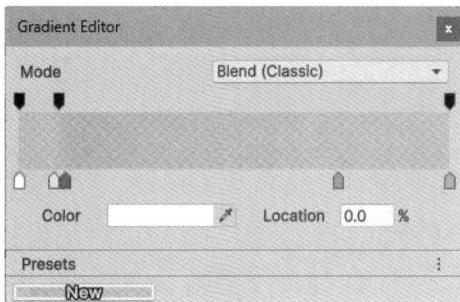

图 5-21　颜色消散设置

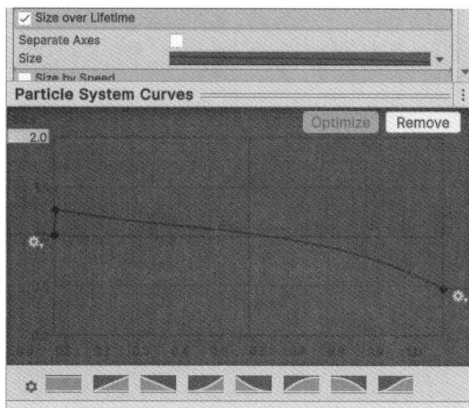

图 5-22　设置大小消散曲线

（6）勾选 Renderer，因为设置 Renderer 渲染器需要材质球，所以在 Project 视图的 Materials 目录下右击，在弹出的快捷菜单中选择 Create→Materials 命令，新建一个名为 ParticleAfterburner 的材质球。接着设置这个材质球的参数，将 Shader 设置为 Legacy Shaders/Particles/Additive，Particle Texture 设置为 Default-Particle，Soft Particles Factor 设置为 1.266964，如图 5-23 所示。

（7）继续设置 Renderer 渲染器的属性，设置 Material 为上一步制作的材质球，Sort Mode 排序模式设置为 Oldest in Front，不勾选 Apply Active Color Space，Cast Shadows 设置为 On，不勾选 Receive Shadows，如图 5-24 所示。

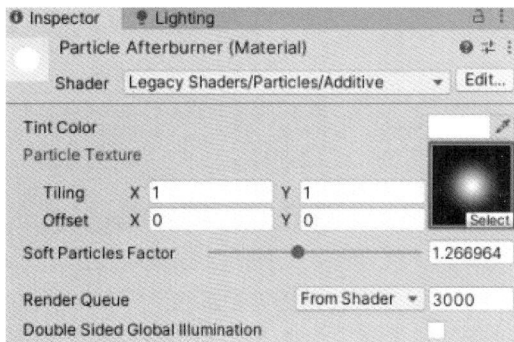

图 5-23　设置材质球属性

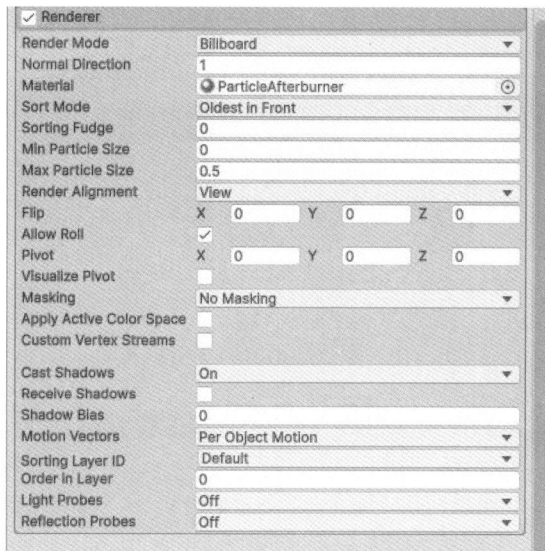

图 5-24　设置粒子系统的渲染器

（8）现在火焰喷射的方向还是朝天发射，接着将 Particle System 对象的旋转设置为 (0,−180,0)，使火焰朝着水平方向发射，如图 5-25 所示。

（9）给喷射的火焰再添加一个光特效。将 Hierarchy 视图中的 Particle System 对象重命名为 AfterburnerLeft，选中 AfterburnerLeft 对象，右击，在弹出的快捷菜单中选择 Effects→Particle System 命令，给 AfterburnerLeft 对象创建一个子对象，子对象重命名为 Glow，如图 5-26 所示。

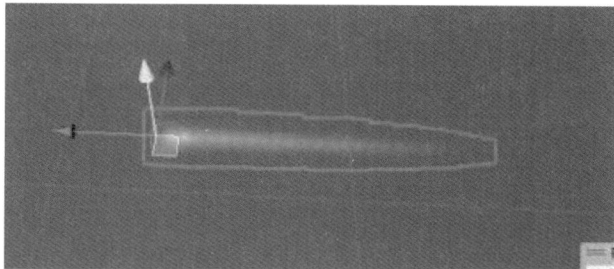

图 5-25　喷射火焰效果

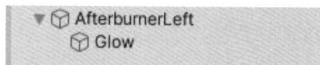

图 5-26　新建粒子的子对象

（10）按之前相同的操作，添加一个相同的喷射粒子特效放到飞机右边喷射口，发射器参数按图 5-27 所示进行设置。

（11）Emission 参数、Color over Lifetime 参数和 Size over Lifetime 参数的设置如图 5-28 所示。

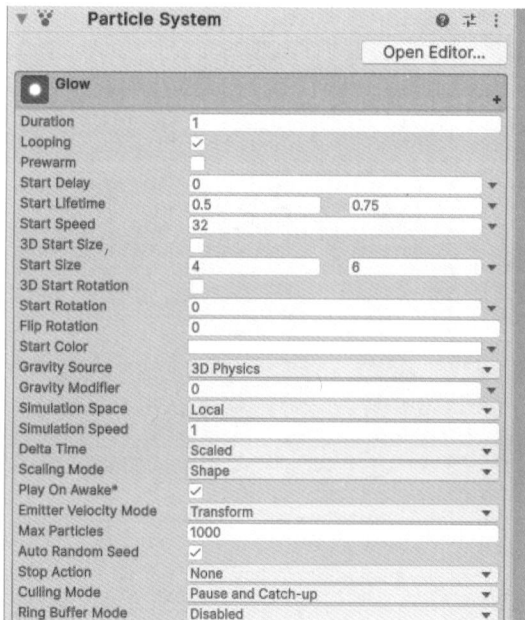

图 5-27　设置粒子系统属性

图 5-28　设置粒子系统属性的参数

（12）Renderer 参数的设置如图 5-29 所示。

（13）制作完成的火焰喷射特效如图 5-30 所示。

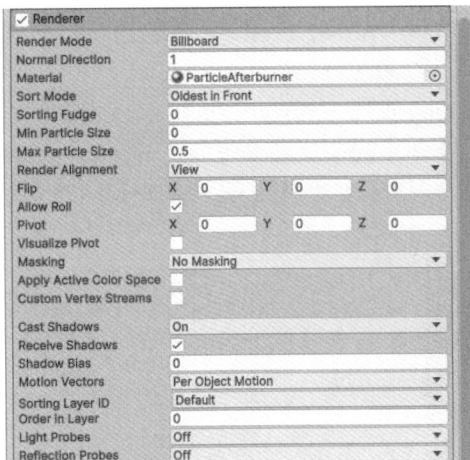

图 5-29　设置粒子系统的渲染器属性

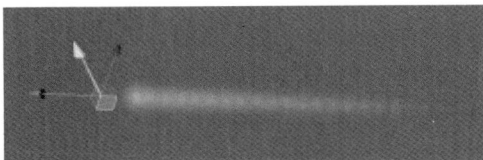

图 5-30　制作完成的火焰喷射特效

（14）调整 AfterburnerLeft 对象到飞机的喷射器出口位置，推荐坐标位置为(−3,2,−4)，也可以根据情况进行调整，如图 5-31 所示。

（15）制作右边火焰喷射，在 Hierarchy 视图中选中 AfterburnerLeft 对象，使用快捷键 Ctrl+D 复制一份火焰喷射特效，重命名为 AfterburnerRight，将其调整到飞机右边的喷射器出口位置，如图 5-32 所示。

图 5-31　调整火焰喷射器的位置

图 5-32　左右两个火焰喷射器

至此，粒子特效制作完成。

5.3.3　实现飞机飞行

下面将实现飞机的飞行功能。

（1）整理一下对象，在 Hierarchy 视图中右击，在弹出的快捷菜单中选择 Create Empty 命令，新建一个空对象，命名为 Aircraft，将 Aircraft 对象的位置坐标、旋转都归零，如图 5-33 所示。

（2）将 AircraftFuselage、AircraftWingsJet、AfterburnerLeft、AfterburnerRight 对象都拖到 Aircraft 对象下面，成为其子对象，如图 5-34 所示。

（3）在 Project 视图的 Scripts 文件夹下右击，在弹出的快捷菜单中选择 Create→C# Script 命令，新建脚本，命名为 AircraftMove，如图 5-35 所示。

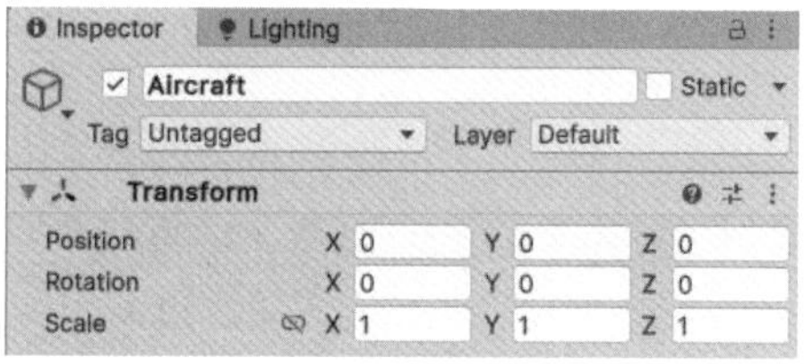

图 5-33　设置父对象的位置 　　　图 5-34　设置其他对象的节点　　图 5-35　新建 AircraftMove 脚本

（4）双击打开脚本文件，编辑脚本，参考代码 5-1。

代码 5-1　AircraftMove.cs 脚本

```csharp
using UnityEngine;

public class AircraftMove: MonoBehaviour
{
    private float forwardSpeed = 50;              //前进的速度
    private float backwardSpeed = 25;             //后退的速度
    private float rotateSpeed = 2;                //旋转的速度

    private GameObject MainCamera;
    private Vector3 TargetOffset;

    private void Start()
    {
        MainCamera = GameObject.Find("Main Camera");
        TargetOffset = MainCamera.transform.position - transform.position;
    }

    private void FixedUpdate()
    {
        //获取横轴前后的输入，也就是键盘 W 和 S 键的输入
        float h = Input.GetAxis("Horizontal");
        //获取纵轴左右的输入，也就是键盘 A 和 D 键的输入
        float v = Input.GetAxis("Vertical");
        //根据上下键的输入，获取 Z 轴的输入量
        Vector3 velocity = new Vector3(0, 0, v);
        //将世界坐标转换为本地坐标
        velocity = transform.TransformDirection(velocity);
        //判断是前进还是后退
        if (v > 0.1)
        {
            velocity *= forwardSpeed;
        }
        else
        {
```

```
        velocity *= backwardSpeed;
    }
    //前进或者后退
    transform.localPosition += velocity * Time.fixedDeltaTime;
    //旋转机身
    if (v == 0)
    {
        transform.Rotate(0, h * rotateSpeed, 0);
    }
    //空格起飞
    if (Input.GetKey(KeyCode.Space) && v != 0)
    {
        float value = 0;
        transform.Rotate(Mathf.Clamp(value, -2, -1), 0, 0);
    }

    //主摄像机跟随
    MainCamera.transform.localPosition = transform.position + TargetOffset;
    }
}
```

（5）将脚本拖到 Aircraft 上作为 Aircraft 组件，运行程序，使用键盘就可以控制飞机移动了，按住空格键，飞机就能抬头起飞了。

5.3.4　搭建零件拆解场景

双击打开 Level3 场景，在上一小节搭建完成的场景中实现零件拆装功能。

（1）在 Hierarchy 视图中，将 Aircraft 对象下的飞机机身和机翼以及零部件的英文名全部改成中文名，中文名参考图 5-36。

图 5-36　修改模型的名字

（2）在 Hierarchy 视图中选择 Aircraft，使用快捷键 Ctrl+D 复制一份，然后将 Aircraft 对象隐藏，再将复制出来的 Aircraft (1)对象的子对象进行手动拆分，移动到合理的位置，如图 5-37 所示。

图 5-37　拆分模型

（3）现在已经拆分完成了，如果拆分遇到困难无法进行下一步也没有关系，场景 Level4_Split 已经拆分完成，可以直接打开 Level4_Split 场景，进行下一步操作。

（4）设置 Main Camera 的位置和旋转，让摄像机投射下来，位置设置为(0,25,0)，旋转设置为(90,0,0)，Projection 设置为 Orthographic，Size 设置为 10，如图 5-38 所示。

（5）在 Hierarchy 视图中删除 GroundRunway 对象，显示 Aircraft 对象，再隐藏 Aircraft (1)对象，如图 5-39 所示。

图 5-38　修改摄像机的位置

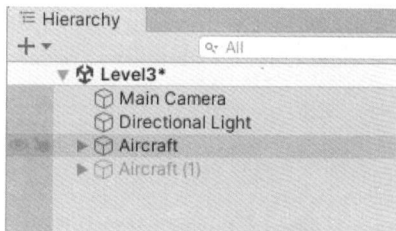

图 5-39　隐藏拆分的模型

至此，飞机零件拆装场景的搭建就完成了，接下来进行飞机零件的拆解。

5.3.5　实现飞机零件拆解

（1）在 Project 视图的 Scripts 文件夹中，右击，在弹出的快捷菜单中选择 Create→C# Script 命令，新建一个脚本，命名为 AircraftSplits，双击打开脚本，编辑脚本，参考代码 5-2。

代码 5-2 实现飞机零件拆解

```csharp
using UnityEngine;

public class AircraftSplits: MonoBehaviour
{
    public GameObject[] Aircraft;              //飞机零件对象
    private Vector3[] AircraftOld;             //飞机零件的旧位置
    public GameObject[] AircraftNew;           //飞机零件的新位置

    void Start()
    {
        //设置飞机零件的旧位置
        AircraftOld = new Vector3[Aircraft.Length];
        for (int i = 0; i < Aircraft.Length; i++)
        {
            AircraftOld[i] = Aircraft[i].transform.position;
        }
    }

    private void Update()
    {
        if (Input.GetKeyDown(KeyCode.W))
        {
            //拆分
            SplitObject();
        }
        if (Input.GetKeyDown(KeyCode.S))
        {
            //合并
            MergeObject();
        }
    }


    private void SplitObject()
    {
        //将当前飞机零件分别移动到对应的新位置
        for (int i = 0; i < Aircraft.Length; i++)
        {
            Aircraft[i].transform.position = AircraftNew[i].transform.position;
        }
    }

    private void MergeObject()
    {
        //将当前飞机零件分别移动到对应的旧位置
        for (int i = 0; i < Aircraft.Length; i++)
        {
            Aircraft[i].transform.position = AircraftOld[i];
        }
    }
}
```

（2）将 Aircraft Splits 组件拖到 Aircraft 对象上，然后将 Aircraft 对象下面的子对象拖入

Aircraft Splits 组件的 Aircraft 数组中，将 Aircraft (1)对象下面的子对象拖入 Aircraft Splits 组件的 AircraftNew 数组中，如图 5-40 所示。

图 5-40　将拆分的模型拖入对应卡槽中

📢 提示：

这里有个小技巧，在 Hierarchy 视图中选中 Aircraft 对象，然后在 Inspector 视图中单击右上角的锁按钮，就可以锁定当前对象的 Inspector 视图，然后将其他对象拖入对应数组中。

（3）运行程序，单击 W、S 按键，就可以拆分和合并模型了。
（4）移动有点生硬，接下来修改代码，使用对象移动插件 DOTween 移动对象，参考代码 5-3。

代码 5-3　实现动画移动

```
using DG.Tweening;
using UnityEngine;

public class AircraftSplits: MonoBehaviour
{
    public GameObject[] Aircraft;            //飞机零件对象
    private Vector3[] AircraftOld;           //飞机零件的旧位置
    public GameObject[] AircraftNew;         //飞机零件的新位置

    void Start()
    {
        //设置飞机零件的旧位置
        AircraftOld = new Vector3[Aircraft.Length];
        for (int i = 0; i < Aircraft.Length; i++)
        {
            AircraftOld[i] = Aircraft[i].transform.position;
```

05

105

```
        }
    }

    private void Update()
    {
        if (Input.GetKeyDown(KeyCode.W))
        {
            //拆分
            SplitObject();
        }
        if (Input.GetKeyDown(KeyCode.S))
        {
            //合并
            MergeObject();
        }
    }


    private void SplitObject()
    {
        //将当前飞机零件分别移动到对应的新位置
        for (int i = 0; i < Aircraft.Length; i++)
        {
            Aircraft[i].transform.DOMove(AircraftNew[i].transform.position,3,false);
        }
    }

    private void MergeObject()
    {
        //将当前飞机零件分别移动到对应的旧位置
        for (int i = 0; i < Aircraft.Length; i++)
        {
            Aircraft[i].transform.DOMove(AircraftOld[i], 3, false);
        }
    }
}
```

（5）运行程序，单击 W、S 按键，就可以平滑地拆分和合并模型了。

5.4　总结及习题

5.4.1　本章小结

本章介绍了 VR 技术，即虚拟现实技术。它是通过计算机的三维实时图形显示和三维定位跟踪技术，让用户身临其境地体验虚拟环境带来的沉浸感。

VR 的应用领域包括 VR+视频、VR+游戏、VR+军事、VR+医疗、VR+房地产、VR+教育、VR+零售，随着社会生产力的发展和科学技术的进步，VR 技术会用于更多行业。

本章通过制作飞机拆装虚拟仿真项目介绍了 VR 项目的使用和开发流程，而且运用了前面章节学习的知识，如导入资源包和搭建场景。

本章的代码都有详细的注释，让读者可以更加轻松地读懂代码，当然，代码只是一方面，还有对 Unity 的 UI 动画的制作，也是值得反复练习的地方。

本章还介绍了粒子特效的制作，虽然通常粒子特效由专业人员制作，但本章带领读者初步体验了这一过程，感兴趣的读者可以多了解这方面的知识。

在实际开发中，为了提高开发效率，通常会使用很多插件。本章挑选了比较典型的 DOTween 插件和 Highlighting System 高亮插件，为读者介绍了插件的使用方法和功能。

5.4.2 课后习题

我们已经完成了飞机的拆解，试着给飞机增加一些其他交互，如增加飞机的旋转、缩放、移动等交互。

第 6 章 使用 Unity 实现答题系统

欢迎来到使用 Unity 实现答题系统的精彩旅途！下面将介绍如何构建一个功能齐全、易于集成且富有教育或娱乐价值的答题系统。

无论是希望为现有的游戏或应用添加一个寓教于乐的答题环节，还是打算从零开始打造一个完整的答题系统，本章都将提供详尽的步骤和实用的技巧。

通过本章的学习，不仅能学会如何制作一个基础的答题系统，还能深入理解 Unity 在数据处理、用户界面设计以及交互逻辑实现方面的强大能力。无论是 Unity 的新手，还是有一定经验的开发者，都能从中获得宝贵的知识和实践经验。

6.1 应 用 简 介

答题系统是一种通过预设题目和选项，让用户进行选择或输入答案并自动判断答案正确与否的工具，这种系统广泛应用于教育、培训、竞赛、游戏等多个领域，是提升用户参与度、检验学习成果和增强知识掌握的有效工具。

6.1.1 核心组成部分

答题系统的核心组成部分如下。

（1）题目管理：系统中包含多个题目，每个题目有若干选项，题目涵盖多种类型和难度级别，适应不同的用户需求。

（2）用户交互界面：展示题目和选项，确保用户可以快速理解题目要求。界面提供计时功能以及提示内容，在用户遇到困难时可以获得线索。

（3）答案判断：将用户输入的答案与预设答案进行对比，判断答案正确与否。

（4）数据分析与报告：系统记录用户的答题成绩，包括总分、正确率、答题时间等，便于用户自我评估。

6.1.2　应用领域

答题系统的应用领域如下。

（1）教育领域：作为在线学习平台的一部分，用于课后练习、单元测试、模拟考试等。

（2）企业培训：用于新员工入职培训、专业技能考核等，提升员工的专业素养。

（3）竞赛活动：作为线上或线下竞赛的答题环节，增加活动的趣味性和挑战性。

（4）娱乐游戏：融入问答元素，增加游戏的互动性和教育意义，如知识问答类 App、游戏内的知识挑战等。

答题系统不仅为用户提供了一个便捷、高效的学习平台，也为教育者和组织者提供了一种全新的评估方式，有助于提升学习效果和用户体验。

6.2　分　析　实　现

本节分析如何使用 Unity 实现答题系统。

6.2.1　功能分析

本案例要实现的答题系统的主要功能如下。

（1）获取题目。

（2）显示题目。

（3）判断对错。

6.2.2　实现分析

实现分析如下。

（1）获取题目：可以从文本文档中提取题目、分数以及答案。

（2）显示题目：制作 UI，将获取的题目显示在 UI 上。

（3）判断对错：在答题的过程中，自动判断分数和正确率。

该功能模块的开发目的，是实现可快速导入项目中使用，同时也能助力答题系统的完善。

6.3　实现过程

本节将用 Unity 实现答题系统。

6.3.1　新建项目

打开 Unity Hub，选择新建项目，选择 Unity 2022.3.57f1c2 版本，命名为 AnswerSystem，如图 6-1 所示。

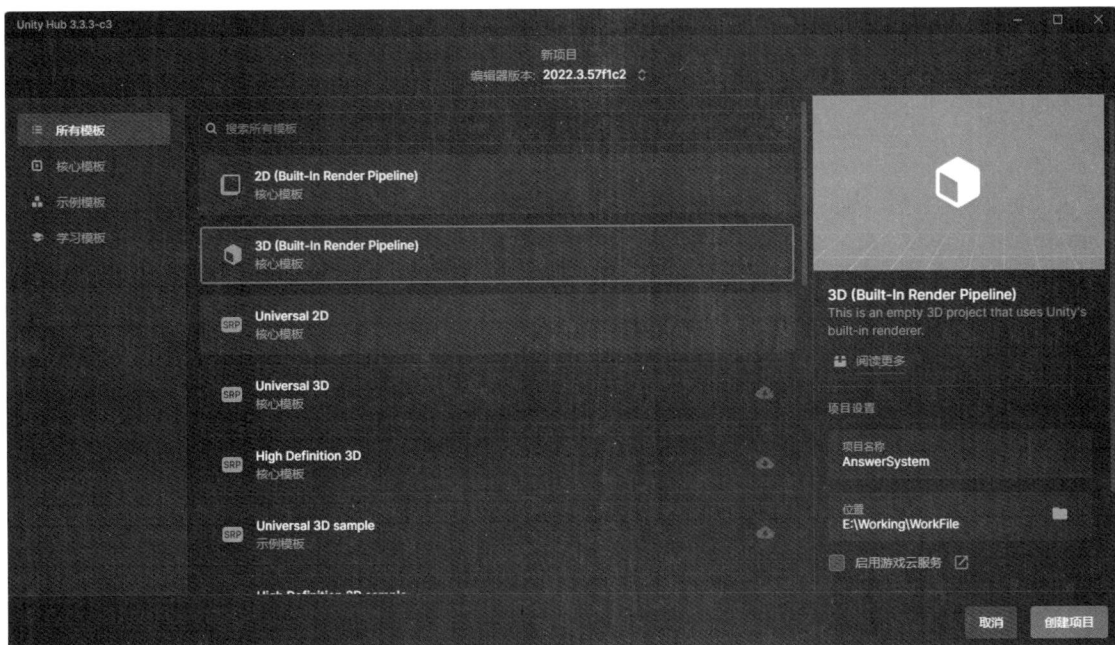

图 6-1　新建项目

6.3.2　准备题库

将"资源包→第 6 章资源文件"文件夹中的 Answer.unitypackage 文件导入项目中，导入后的结构如图 6-2 所示。

题目存放在 TXT 文件中，首先查看 TXT 文件的内容结构，如图 6-3 所示。

从图 6-3 中可以看出，每行都是一道题目，包括题号、题目、选项、得分，这些内容都是用冒号进行分割的。下面就编写代码读取文档，然后将读取内容加载显示到 UI 上。

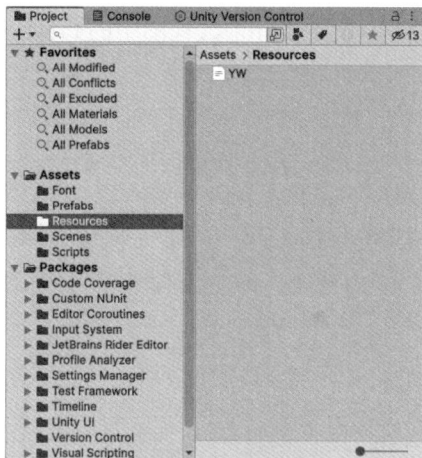

图 6-2　将题库导入

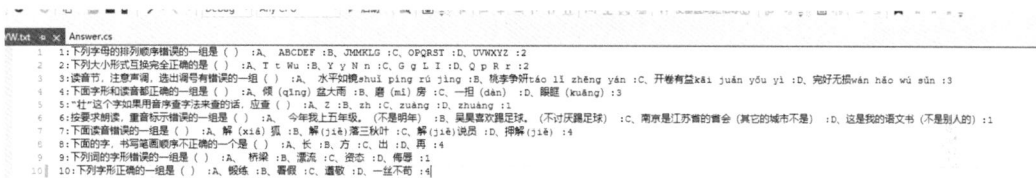

图 6-3　题库内容

6.3.3　搭建 UI

搭建 UI。UI 由题目序号（Text）、题目（Text）、选项（Text）、正确率（Text）、提示内容（Button+Text）、上一题（Button）、下一题（Button）和跳转按钮（InputField+Button）组成。UI 结构及界面如图 6-4 所示。

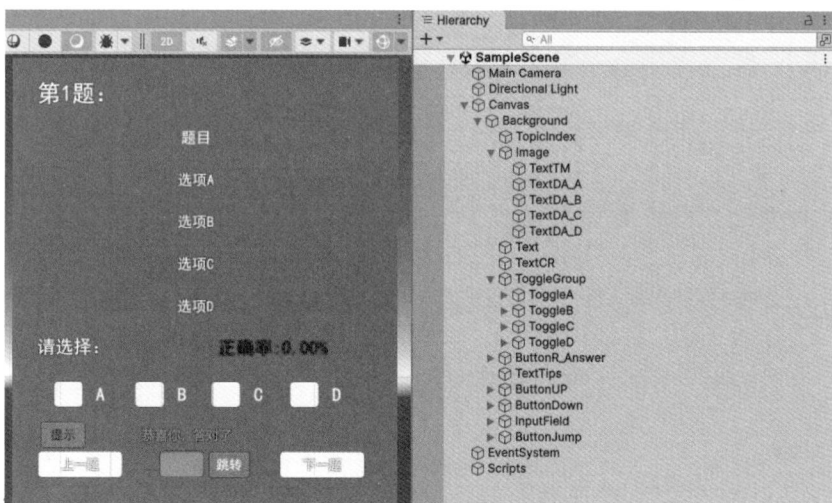

图 6-4　UI 结构及界面

对于不擅长搭建 UI 的读者，可以使用 Project 视图中的 Preafab 文件夹中的 Canvas 预制体，这个是搭建好的 UI，直接拖入场景中即可使用。

6.3.4 读取文档

接下来，使用代码读取文档。

在 Project 视图中的空白处右击，在弹出的快捷菜单中选择 Create → Scripting → MonoBehaviour Script 命令，新建 C#脚本，命名为 AnswerControl.cs，双击打开脚本文件，编辑代码，参考代码 6-1。

代码 6-1　读取文档

```
using System.Collections.Generic;
using UnityEngine;

public class AnswerControl: MonoBehaviour
{
    //读取文档
    string[][] ArrayX;
    string[] lineArray;
    private int topicMax = 0;                              //最大题数
    private List<bool> isAnserList = new List<bool>();     //存放是否答过题的状态


    void Start()
    {
        TextCsv();
    }


    /******************读取 txt 数据******************/
    void TextCsv()
    {
        //读取 csv 二进制文件
        TextAsset binAsset = Resources.Load("YW", typeof(TextAsset)) as TextAsset;
        //读取每一行的内容
        lineArray = binAsset.text.Split('\r');
        //创建二维数组
        ArrayX = new string[lineArray.Length][];
        //把 csv 中的数据存储在二维数组中
        for (int i = 0; i < lineArray.Length; i++)
        {
            ArrayX[i] = lineArray[i].Split(':');
        }
        //查看保存的题目数据
        for (int i = 0; i < ArrayX.Length; i++)
        {
            for (int j = 0; j < ArrayX[i].Length; j++)
            {
                Debug.Log(ArrayX[i][j]);
            }
        }
    }
```

```
        //设置题目状态
        topicMax = lineArray.Length;
        for (int x = 0; x < topicMax + 1; x++)
        {
            isAnserList.Add(false);
        }
    }
}
```

将脚本挂载在 Hierarchy 视图的任意对象身上，运行程序，可以在 Console 视图看到所有的题目数据都被读取出来了，如图 6-5 所示。

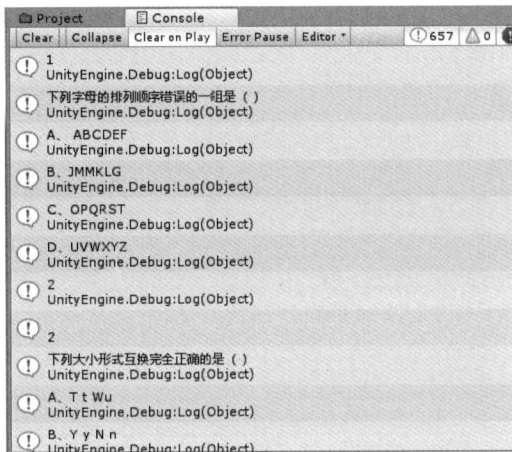

图 6-5　读取数据

6.3.5　加载题目

接下来，将从文档读取的题目数据加载到 UI 上。

（1）打开 AnswerControl.cs 脚本，编辑代码，参考代码 6-2。

代码 6-2　加载题目

```
using System.Collections.Generic;
using UnityEngine;
using UnityEngine.UI;

public class AnswerControl: MonoBehaviour
{
    //读取文档
    string[][] ArrayX;                                       //题目数据
    string[] lineArray;                                      //读取到题目数据
    private int topicMax = 0;                                //最大题数
    private List<bool> isAnserList = new List<bool>();       //存放是否答过题的状态

    //加载题目
    public Text indexText;                                   //当前第几题
    public List<Text> DA_TextList;                           //选项
    public Text TM_Text;                                     //当前题目
```

```
public List<Toggle> toggleList;                              //答题 Toggle
public GameObject TipBtn;                                     //提示按钮
public Text tipsText;                                        //提示信息
private int topicIndex = 0;                                  //第几题

void Start()
{
    TextCsv();
    LoadAnswer();
}


/******************读取 txt 数据******************/
void TextCsv()
{
    //读取 csv 二进制文件
    TextAsset binAsset = Resources.Load("YW", typeof(TextAsset)) as TextAsset;
    //读取每一行的内容
    lineArray = binAsset.text.Split('\r');
    //创建二维数组
    ArrayX = new string[lineArray.Length][];
    //把 csv 中的数据存储在二维数组中
    for (int i = 0; i < lineArray.Length; i++)
    {
        ArrayX[i] = lineArray[i].Split(':');
    }
    //设置题目状态
    topicMax = lineArray.Length;
    for (int x = 0; x < topicMax + 1; x++)
    {
        isAnserList.Add(false);
    }
}

/******************加载题目******************/
void LoadAnswer()
{
    TipBtn.SetActive(false);
    tipsText.text = "";
    for (int x = 0; x < 4; x++)
    {
        toggleList[x].isOn = false;
    }
    indexText.text = "第" + (topicIndex + 1) + "题: ";       //第几题
    TM_Text.text = ArrayX[topicIndex][1];                    //题目
    int idx = ArrayX[topicIndex].Length - 3;                 //有几个选项
    for (int x = 0; x < idx; x++)
    {
        DA_TextList[x].text = ArrayX[topicIndex][x + 2];     //选项
    }
}
}
```

（2）将对象拖入 AnswerControl.cs 脚本组件的对应卡槽中，如图 6-6 所示。

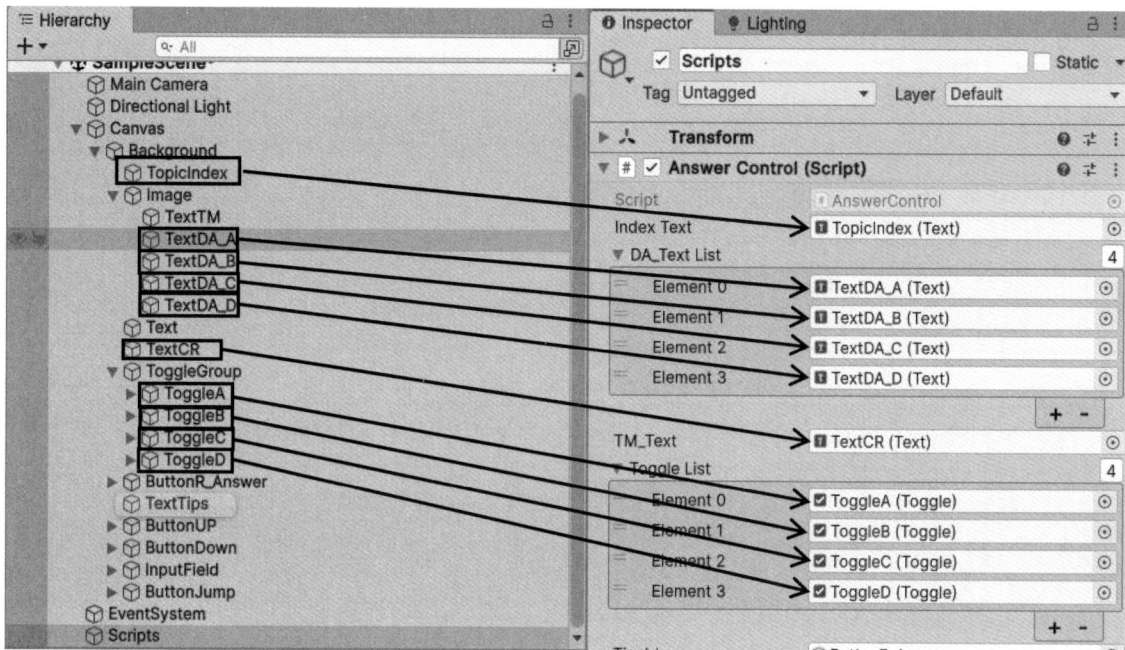

图 6-6　将对象拖入卡槽中

（3）运行程序，可以看到题目已经被加载到 UI 上了，如图 6-7 所示。

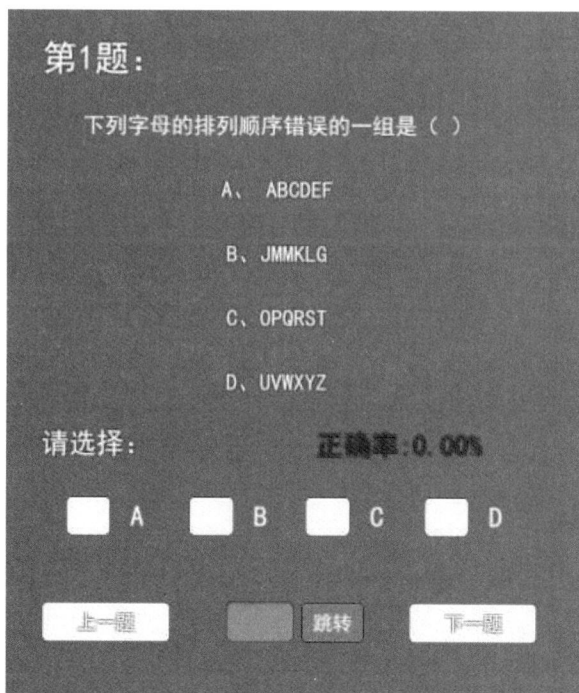

图 6-7　加载题目

6.3.6 实现按钮功能

接下来，实现其他按钮的功能，如选项选中、上一题、下一题、提示、跳转等按钮功能。打开 AnswerControl.cs 脚本文件，编辑代码，参考代码 6-3。

代码 6-3 实现按钮功能

```csharp
using System.Collections.Generic;
using UnityEngine;
using UnityEngine.UI;

public class AnswerControl: MonoBehaviour
{
    //读取文档
    string[][] ArrayX;                                      //题目数据
    string[] lineArray;                                     //读取到题目数据
    private int topicMax = 0;                               //最大题数
    private List<bool> isAnserList = new List<bool>();      //存放是否答过题的状态

    //加载题目
    public Text indexText;                                  //当前第几题
    public List<Text> DA_TextList;                          //选项
    public Text TM_Text;                                    //当前题目
    public List<Toggle> toggleList;                         //答题 Toggle
    public GameObject TipBtn;                               //提示按钮
    public Text tipsText;                                   //提示信息
    private int topicIndex = 0;                             //第几题

    //按钮功能及提示信息
    public Text TextAccuracy;                               //正确率
    public Button BtnBack;                                  //上一题
    public Button BtnNext;                                  //下一题
    public InputField jumpInput;                            //跳转题目
    public Button BtnJump;                                  //跳转题目
    private int anserint = 0;                               //已经答过几题
    private int isRightNum = 0;                             //正确题数


    void Start()
    {
        TextCsv();
        LoadAnswer();

        TipBtn.GetComponent<Button>().onClick.AddListener(() => Select_Answer(0));
        BtnBack.onClick.AddListener(() => Select_Answer(1));
        BtnNext.onClick.AddListener(() => Select_Answer(2));
        BtnJump.onClick.AddListener(() => Select_Answer(3));
    }


    /******************读取 txt 数据*****************/
    void TextCsv()
    {
        //读取 csv 二进制文件
```

```
    TextAsset binAsset = Resources.Load("YW", typeof(TextAsset)) as TextAsset;
    //读取每一行的内容
    lineArray = binAsset.text.Split('\r');
    //创建二维数组
    ArrayX = new string[lineArray.Length][];
    //把 csv 中的数据存储在二维数组中
    for (int i = 0; i < lineArray.Length; i++)
    {
        ArrayX[i] = lineArray[i].Split(':');
    }
    //设置题目状态
    topicMax = lineArray.Length;
    for (int x = 0; x < topicMax + 1; x++)
    {
        isAnserList.Add(false);
    }
}

/********************加载题目********************/
void LoadAnswer()
{
    TipBtn.SetActive(false);
    tipsText.text = "";
    for (int x = 0; x < 4; x++)
    {
        toggleList[x].isOn = false;
    }
    indexText.text = "第" + (topicIndex + 1) + "题: ";          //第几题
    TM_Text.text = ArrayX[topicIndex][1];                        //题目
    int idx = ArrayX[topicIndex].Length - 3;                    //有几个选项
    for (int x = 0; x < idx; x++)
    {
        DA_TextList[x].text = ArrayX[topicIndex][x + 2];        //选项
    }
}

/******************按钮功能******************/
void Select_Answer(int index)
{
    switch (index)
    {
        case 0://提示
            int idx = ArrayX[topicIndex].Length - 1;
            int n = int.Parse(ArrayX[topicIndex][idx]);
            string nM = "";
            switch (n)
            {
                case 1:
                    nM = "A";
                    break;
                case 2:
                    nM = "B";
                    break;
                case 3:
```

```
                    nM = "C";
                    break;
                case 4:
                    nM = "D";
                    break;
            }
            tipsText.text = "<color=#FFAB08FF>" + "正确答案是：" + nM + "</color>";
            break;
        case 1:             //上一题
            if (topicIndex > 0)
            {
                topicIndex--;
                LoadAnswer();
            }
            else
            {
                tipsText.text = "<color=#27FF02FF>" + "前面已经没有题目了！" + "</color>";
            }
            break;
        case 2:             //下一题
            if (topicIndex < topicMax - 1)
            {
                topicIndex++;
                LoadAnswer();
            }
            else
            {
                tipsText.text = "<color=#27FF02FF>" + "哎呀！已经是最后一题。" + "</color>";
            }
            break;
        case 3:             //跳转
            int x = int.Parse(jumpInput.text) - 1;
            if (x >= 0 && x < topicMax)
            {
                topicIndex = x;
                jumpInput.text = "";
                LoadAnswer();
            }
            else
            {
                tipsText.text = "<color=#27FF02FF>" + "不在范围内！" + "</color>";
            }
            break;
    }
}
}
```

6.3.7 判断题目对错

将对应的按钮对象拖入 AnswerControl.cs 脚本组件对应的卡槽中，如图 6-8 所示。

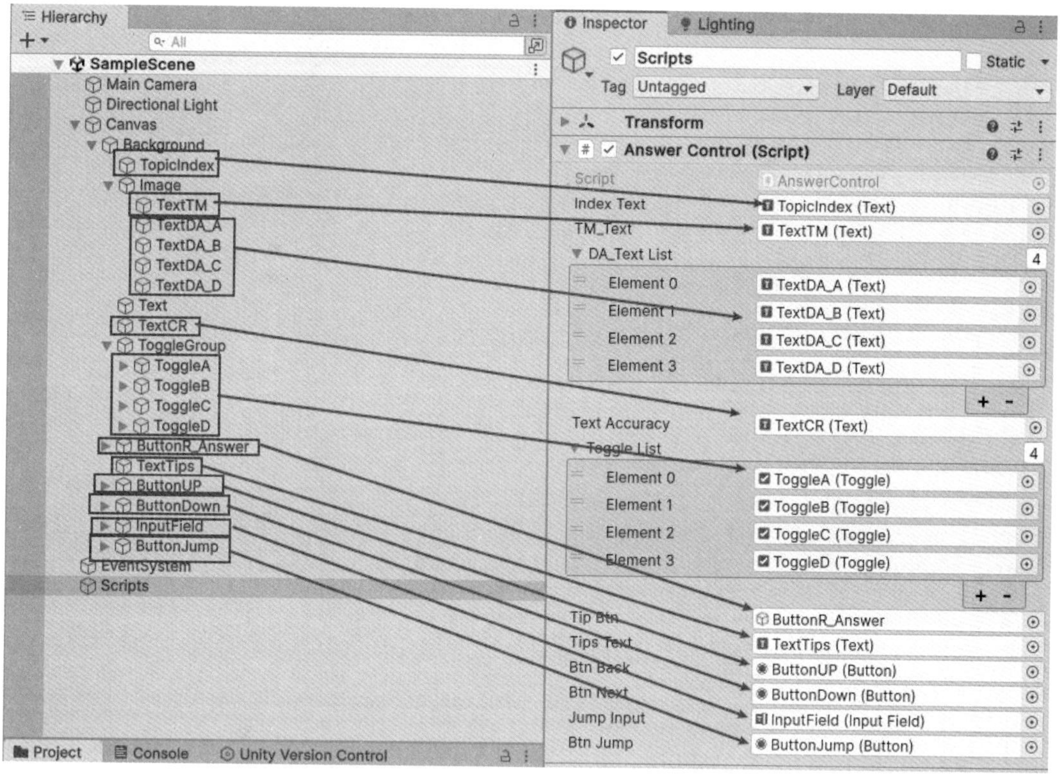

图 6-8　将对应的按钮对象拖入卡槽中

运行程序，单击按钮，按钮即可响应相应的函数。

完整的 AnswerControl.cs 脚本参考代码 6-4。

代码 6-4　完整的 AnswerControl.cs 脚本

```csharp
using System.Collections.Generic;
using UnityEngine;
using UnityEngine.UI;

public class AnswerControl: MonoBehaviour
{
    //读取文档
    string[][] ArrayX;                                      //题目数据
    string[] lineArray;                                     //读取到题目数据
    private int topicMax = 0;                               //最大题数
    private List<bool> isAnserList = new List<bool>();      //存放是否答过题的状态

    //加载题目
    public Text indexText;                                  //当前第几题
    public List<Text> DA_TextList;                          //选项
    public Text TM_Text;                                    //当前题目
    public List<Toggle> toggleList;                         //答题 Toggle
    public GameObject TipBtn;                               //提示按钮
    public Text tipsText;                                   //提示信息
```

第 6 章 使用 Unity 实现答题系统

```csharp
    private int topicIndex = 0;                              //第几题

    //按钮功能及提示信息
    public Text TextAccuracy;                                //正确率
    public Button BtnBack;                                   //上一题
    public Button BtnNext;                                   //下一题
    public InputField jumpInput;                             //跳转题目
    public Button BtnJump;                                   //跳转题目
    private int anserint = 0;                                //已经答过几题
    private int isRightNum = 0;                              //正确题数


    void Start()
    {
        TextCsv();
        LoadAnswer();

        toggleList[0].onValueChanged.AddListener((isOn) => AnswerRightRrongJudgment(isOn, 0));
        toggleList[1].onValueChanged.AddListener((isOn) => AnswerRightRrongJudgment(isOn, 1));
        toggleList[2].onValueChanged.AddListener((isOn) => AnswerRightRrongJudgment(isOn, 2));
        toggleList[3].onValueChanged.AddListener((isOn) => AnswerRightRrongJudgment(isOn, 3));

        TipBtn.GetComponent<Button>().onClick.AddListener(() => Select_Answer(0));
        BtnBack.onClick.AddListener(() => Select_Answer(1));
        BtnNext.onClick.AddListener(() => Select_Answer(2));
        BtnJump.onClick.AddListener(() => Select_Answer(3));
    }


/******************读取 txt 数据******************/
    void TextCsv()
    {
        //读取 csv 二进制文件
        TextAsset binAsset = Resources.Load("YW", typeof(TextAsset)) as TextAsset;
        //读取每一行的内容
        lineArray = binAsset.text.Split('\r');
        //创建二维数组
        ArrayX = new string[lineArray.Length][];
        //把 csv 中的数据存储在二维数组中
        for (int i = 0; i < lineArray.Length; i++)
        {
            ArrayX[i] = lineArray[i].Split(':');
        }
        //设置题目状态
        topicMax = lineArray.Length;
        for (int x = 0; x < topicMax + 1; x++)
        {
            isAnserList.Add(false);
        }
    }

/******************加载题目******************/
    void LoadAnswer()
    {
```

```
        TipBtn.SetActive(false);
        tipsText.text = "";
        for (int x = 0; x < 4; x++)
        {
            toggleList[x].isOn = false;
        }
        indexText.text = "第" + (topicIndex + 1) + "题: ";        //第几题
        TM_Text.text = ArrayX[topicIndex][1];                    //题目
        int idx = ArrayX[topicIndex].Length - 3;                 //有几个选项
        for (int x = 0; x < idx; x++)
        {
            DA_TextList[x].text = ArrayX[topicIndex][x + 2];     //选项
        }
    }

    /*****************按钮功能*****************/
    void Select_Answer(int index)
    {
        switch (index)
        {
            case 0://提示
                int idx = ArrayX[topicIndex].Length - 1;
                int n = int.Parse(ArrayX[topicIndex][idx]);
                string nM = "";
                switch (n)
                {
                    case 1:
                        nM = "A";
                        break;
                    case 2:
                        nM = "B";
                        break;
                    case 3:
                        nM = "C";
                        break;
                    case 4:
                        nM = "D";
                        break;
                }
                tipsText.text = "<color=#FFAB08FF>" + "正确答案是: " + nM + "</color>";
                break;
            case 1:                //上一题
                if (topicIndex > 0)
                {
                    topicIndex--;
                    LoadAnswer();
                }
                else
                {
                    tipsText.text = "<color=#27FF02FF>" + "前面已经没有题目了! " + "</color>";
                }
                break;
            case 2:                //下一题
                if (topicIndex < topicMax - 1)
```

```
            {
                topicIndex++;
                LoadAnswer();
            }
            else
            {
                tipsText.text = "<color=#27FF02FF>" + "哎呀! 已经是最后一题了。" + "</color>";
            }
            break;
        case 3:                    //跳转
            int x = int.Parse(jumpInput.text) - 1;
            if (x >= 0 && x < topicMax)
            {
                topicIndex = x;
                jumpInput.text = "";
                LoadAnswer();
            }
            else
            {
                tipsText.text = "<color=#27FF02FF>" + "不在范围内!" + "</color>";
            }
            break;
    }
}

/******************判断题目对错******************/
void AnswerRightRrongJudgment(bool check, int index)
{
    if (check)
    {
        //判断题目对错
        bool isRight;
        int idx = ArrayX[topicIndex].Length - 1;
        int n = int.Parse(ArrayX[topicIndex][idx]) - 1;
        if (n == index)
        {
            tipsText.text = "<color=#27FF02FF>" + "恭喜你，答对了!" + "</color>";
            isRight = true;
            TipBtn.SetActive(true);
        }
        else
        {
            tipsText.text = "<color=#FF0020FF>" + "对不起，答错了!" + "</color>";
            isRight = false;
            TipBtn.SetActive(true);
        }

        //正确率计算
        if (isAnserList[topicIndex])
        {
            tipsText.text = "<color=#FF0020FF>" + "这道题已答过!" + "</color>";
        }
        else
        {
```

06

```
        anserint++;
        if (isRight)
        {
            isRightNum++;
        }
        isAnserList[topicIndex] = true;
        TextAccuracy.text = "正确率: " + ((float)isRightNum / anserint * 100).ToString
        ("f2") + "%";
    }

    //禁用掉选项
    for (int i = 0; i < toggleList.Count; i++)
    {
        toggleList[i].interactable = false;
    }
    }
    }
}
```

6.4　总结及习题

6.4.1　本章小结

本章使用 Unity 制作了一个答题系统。首先搭建了答题系统的 UI，然后使用脚本实现逻辑功能。

总结步骤如下：

（1）读取文档中的数据。

（2）将读取的数据解析并保存。

（3）搭建 UI，将保存数据显示在 UI 上。

（4）答题，并且判断对错，增加按钮单击事件。

6.4.2　课后习题

本案例只实现了单独一道题出现的模式，对于答题系统来说，还有很多种答题形式，如整卷出题、不同类型的题目、选择题、判断题、简答题等。

读者可以试着在本案例的基础上进行扩展，增加整卷出题的形式，以及不同类型的题目。

06

扫一扫，看视频

第 7 章　使用 Unity 实现天气预报系统

天气预报系统是一个复杂而精细的系统，依赖于多种技术、数据和算法来提供准确的天气预测。

天气预报系统面临着多种技术挑战，如提高预报的准确性、延长预报时效、应对极端天气事件等。为了应对这些挑战，天气预报系统不断地发展和创新，采用更先进的数值天气预报模型、同化技术、人工智能等技术手段来提高预报的准确性。

此外，随着大数据、云计算技术的发展，天气预报系统也在逐步实现智能化和自动化。通过数据分析和挖掘技术，可以更加深入地了解大气运动的规律和特点，为预报员提供更加准确和有用的信息支持。

随着技术的不断进步和创新，天气预报系统的准确性和时效性将得到进一步提高，为人们的生产和生活提供更加准确和有用的气象信息。

7.1　应 用 简 介

使用 Unity 制作天气预报系统，可以充分利用其强大的渲染和物理引擎，以及丰富的插件和社区资源，打造一个既美观又实用的天气预报系统。在此过程中，将集成天气数据 API，实时获取当前的天气信息，并制作 UI，将这些数据清晰地展示在 UI 上。

7.1.1　应用特点

天气预报系统对天气数据源进行集成，实时获取并显示当前的天气信息，包括温度、湿度、风速、降水概率等；可以利用 Unity 的三维渲染技术模拟逼真的天气效果，如云层变化、日夜变化、雨水和雪花效果等；采用模块化设计，便于扩展和维护；支持在多种设备和平台上运行，包括 PC、移动设备、网页等。

7.1.2　应用功能

天气预报系统能够实时获取并显示当前的天气信息，包括温度、湿度、风速、降水概率等。

7.2　设 计 思 路

本节分析在 Unity 中如何实现天气预报系统。

7.2.1　功能分析

天气预报功能：实时获取并显示当前的天气信息。
天气效果模拟功能：使用天气插件模拟天气效果及日夜效果。

7.2.2　实现分析

在制作基于 Unity 的天气预报系统时，作者广泛收集了网络资源。但是，稳定可靠的天气 API 接口实属罕见，除非直接由官方天气服务机构提供。经过深入观察，这类接口的开放往往仅限于其合作伙伴。至于其他来源，如百度 APIStore 上的选项、某些用户通过抓包方式从其他网站获取的接口，以及各类收费的 API 服务，均未能展现出足够的稳定性。这些不稳定因素可能源于多种原因，包括但不限于数据更新频率低、服务中断频繁以及 API 限制等。

在历经一番探寻后，作者发现了一个性能出众的免费天气 API，它不仅稳定可靠，而且无须额外付费。本章就根据这个免费 API-www.sojson.com15 天天气数据接口进行讲解。使用这个天气 API 接口的天气信息显示效果如图 7-1 所示。

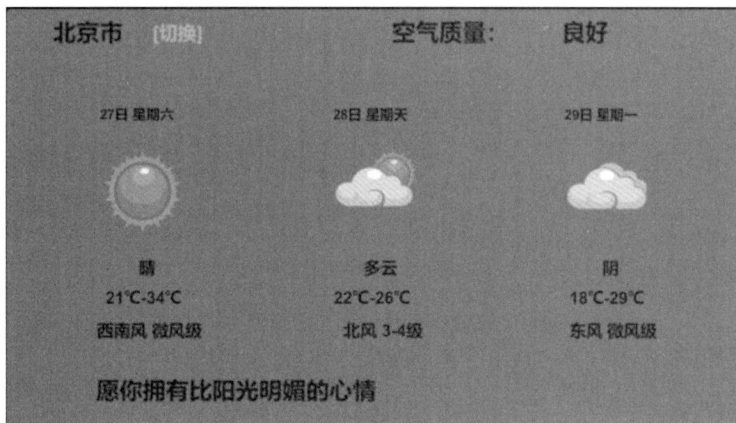

图 7-1　天气信息显示效果

7.3 实 现 过 程

首先需要获取地点和天气数据，然后将数据显示在界面上即可。

下面介绍如何使用 Unity 实现天气预报功能。

7.3.1 新建项目

打开 Unity Hub，选择新建项目，再选择 Unity 2022.3.57f1c2 版本，命名为 WeatherSystem，如图 7-2 所示。

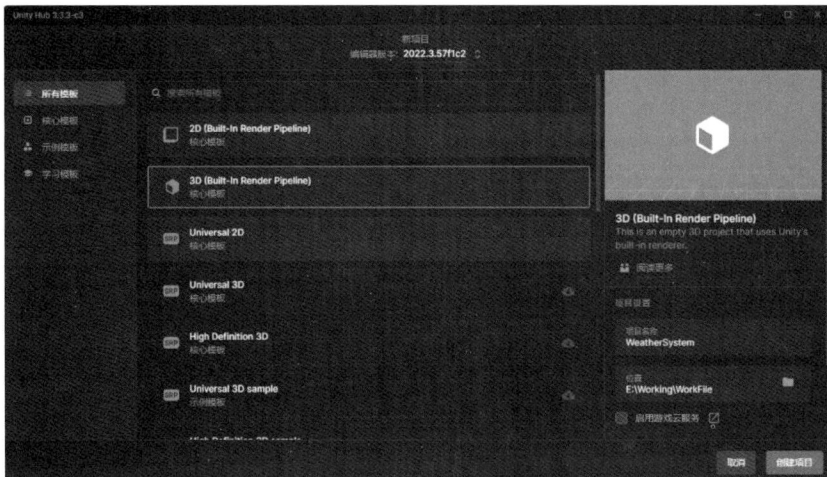

图 7-2 新建项目

将"资源包→第 7 章资源文件"文件夹中的 Weather.unitypackage 文件导入项目中，如图 7-3 所示。

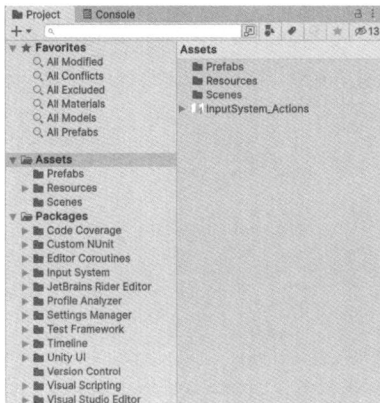

图 7-3 导入资源

7.3.2 搭建 UI

下面使用 Unity 的 UI 系统搭建天气预报界面。天气预报系统的 UI 可以划分成三个部分，分别是上部、中间、下部。其中，上部由城市名（Text）、空气质量（Text）、切换（Button）组成；中间显示三天的天气情况，由日期（Text）、天气图标（Image）、天气情况（Text）、温度（Text）、风向（Text）组成；下部是从接口中获取的提醒内容，当然，读者朋友也可以自定义该字段内容（Text），如图 7-4 所示。

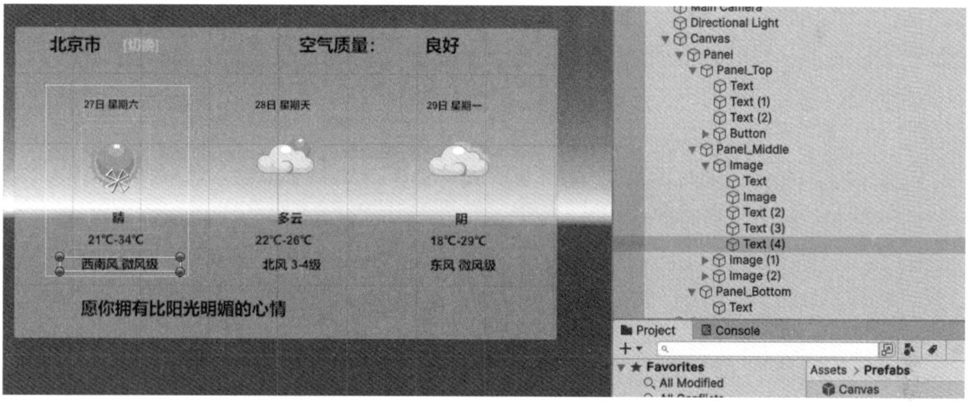

图 7-4　UI 搭建

7.3.3 获取位置信息

如果要获取位置信息，则需要调用百度地图的 API。下面是百度地图获取位置信息的 API。

```
http://api.map.baidu.com/location/ip?ak=tkAJ8NXqE2FzjUh2npcJufk88GFUHyq9&coor=bd09ll
```

（1）新建脚本，命名为 WeatherManager.cs，编辑代码，参考代码 7-1。

代码 7-1　获取位置信息

```
using System.Collections;
using UnityEngine;
using UnityEngine.Networking;

public class WeatherManager: MonoBehaviour
{
    private string postUrl = "http://api.map.baidu.com/location/ip?ak= tkAJ8NXqE2FzjUh2
npcJufk88GFUHyq9&coor=bd09ll";
    void Start()
    {
        //获取位置
        StartCoroutine(RequestPos());
    }


    IEnumerator RequestPos()
    {
        UnityWebRequest request = UnityWebRequest.Get(postUrl);
        yield return request.SendWebRequest();
```

```
        if(request.result == UnityWebRequest.Result.ConnectionError)
        {
            Debug.Log(request.error);
        }
        else
        {
            Debug.Log(request.downloadHandler.text);
            CityData data = JsonUtility.FromJson<CityData>(request.downloadHandler.text);
        }
    }
}
```

（2）在 Hierarchy 视图中新建空对象，命名为 Scripts，将 WeatherManager.cs 脚本组件挂载在 Scripts 对象上，运行程序，结果如图 7-5 所示。

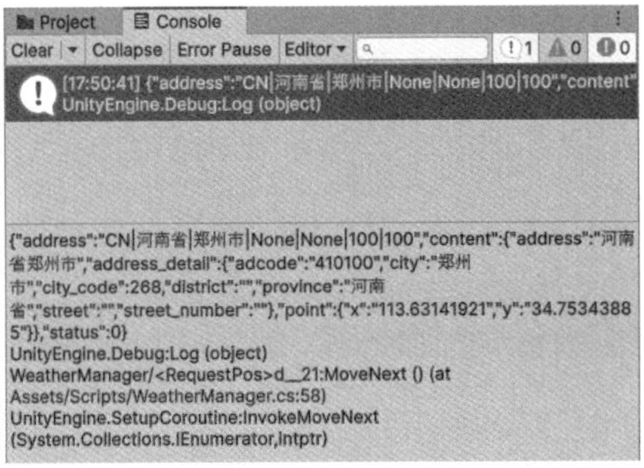

图 7-5　运行结果 1

（3）将获取的 JSON 字符串填入 JSON 解析网站解析，运行结果如图 7-6 所示。

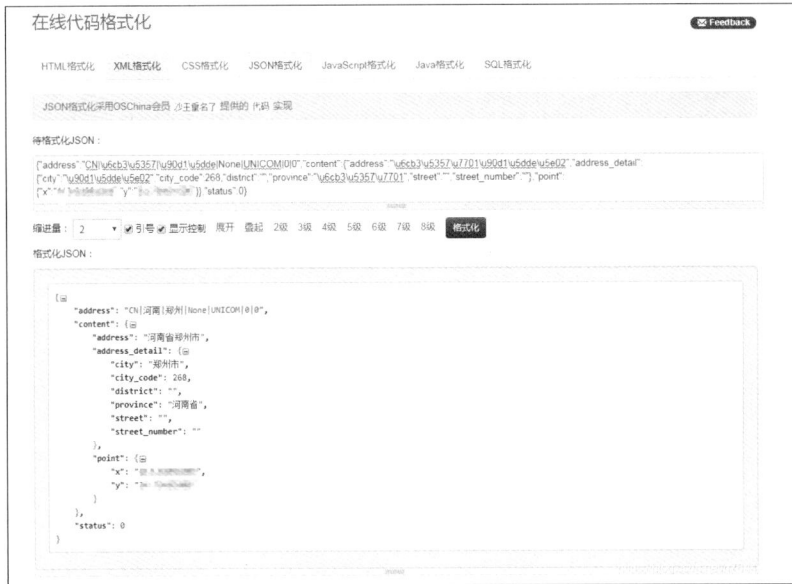

图 7-6　运行结果 2

数据说明如下。

- address：数据头。
- content：数据内容。
  - ◆ address：省份城市。
  - ◆ address_detail：城市名字、编号代码、省份。
  - ◆ point：位置坐标等数据。
- status：数据状态。

📢 **提示：**

使用 Unity 解析 JSON 数据，需要建立对应的数据解析类，数据解析类的格式与 JSON 格式一致才能正常解析。

（4）编写解析 JSON 对应的解析类，解析类参考代码 7-2。

代码 7-2 位置信息解析类

```
#region 返回的城市名字等数据类
[System.Serializable]
public class CityData
{
    public string address;
    public Content content;
    public int status;
}
[System.Serializable]
public class Content
{
    public string address;
    public Address_Detail address_detail;
    public Point point;
}
[System.Serializable]
public class Address_Detail
{
    public string city;
    public int city_code;
    public string district;
    public string province;
    public string street;
    public string street_number;
}
[System.Serializable]
public class Point
{
    public string x;
    public string y;
}
#endregion
```

（5）在 Hierarchy 视图中新建空对象，命名为 Scripts，将 WeatherManager.cs 脚本组件挂载在 Scripts 对象上，运行程序，结果如图 7-7 所示。

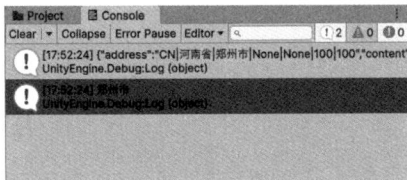

图 7-7　运行结果 3

此时获取到了城市名。

7.3.4　将城市名字转换为城市代码编号

天气接口（http://t.weather.sojson.com/api/weather/city/city_code）需要用到城市代码编号（city_code）的值。百度位置信息的城市代码编号字段（city_code）与天气接口对应的城市代码并不一致，所以还需要将获取的城市名字转换为可以使用的城市代码编号。

（1）将城市名字和城市代码编号对应的文件导入项目中，即 Project 视图的 Resources 文件夹中的 city.json 文件，如图 7-8 所示。

这个 JSON 文件的结构如图 7-9 所示。

07

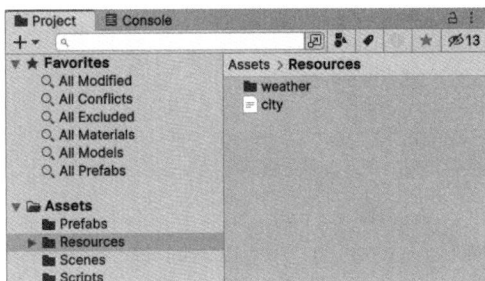

图 7-8　导入 JSON 文件

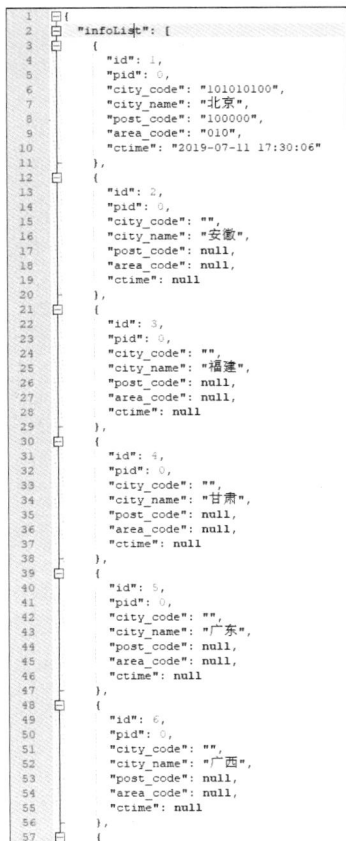

图 7-9　JOSN 文件的数据结构

（2）双击打开 WeatherManager.cs 脚本，编辑代码，参考代码 7-3。

代码 7-3　获取城市代码编号

```
using System.Collections;
using System.Collections.Generic;
using UnityEngine;
using UnityEngine.Networking;

public class WeatherManager : MonoBehaviour
{
    private string postUrl = "http://api.map.baidu.com/location/ip?ak= tkAJ8NXqE2FzjUh2
    npcJufk88GFUHyq9&coor=bd09ll";

    public static Dictionary<string, string> PosToId = new Dictionary<string, string>();
    public static bool initDic = false;

    void Start()
    {
        //获取位置
        StartCoroutine(RequestPos());
    }

    IEnumerator RequestPos()
    {
        UnityWebRequest request = UnityWebRequest.Get(postUrl);
        yield return request.SendWebRequest();
        if(request.result == UnityWebRequest.Result.ConnectionError)
        {
            Debug.Log(request.error);
        }
        else
        {
            CityData data = JsonUtility.FromJson<CityData>(request.downloadHandler.text);
            Debug.Log(data.content.address_detail.city);
            //获取 city_code
            string city_code = GetWeatherId(data.content.address_detail.city);
            Debug.Log(city_code);
        }
    }

    public static string GetWeatherId(string name)
    {
        string city_code = "";
        if (!initDic)
        {
            initDic = true;
            TextAsset city = Resources.Load<TextAsset>("city");
            List<CityCode> cityCode = JsonUtility.FromJson<List<CityCode>>(city.text);
            foreach (CityCode t in cityCode)
            {
                PosToId[t.city_name] = t.city_code;
            }
        }
```

```
    for (int i = 1; i < name.Length; i++)
    {
        string tn = name.Substring(0, i);
        if (PosToId.ContainsKey(tn))
        {
            city_code = PosToId[tn];
        }
    }
    return city_code;
    }
}
```

（3）编写解析 JSON 对应的解析类，解析类参考代码 7-4。

代码 7-4　城市代码编号解析类

```
#region 城市的 city_code 编号代码
public class CityCode
{
    public int id;
    public int pid;
    public string city_code;
    public string city_name;
    public string post_code;
    public string area_code;
    public string ctime;
}
#endregion
```

（4）运行程序，结果如图 7-10 所示。

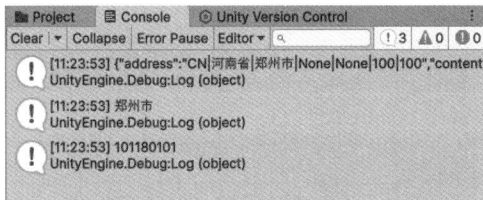

图 7-10　获取城市代码编号运行结果

由图 7-10 所示的运行结果可以看到，已获取了城市代码编号，接下来将获取天气信息。

7.3.5　获取天气信息

获取天气信息，需要使用下面的接口。

http://t.weather.sojson.com/api/weather/city/ + 城市 ID

例如，东莞的 ID 为 101281601

http://t.weather.sojson.com/api/weather/city/101281601

（1）双击打开 WeatherManager.cs 脚本，编辑代码，参考代码 7-5。

代码 7-5　获取天气信息

```
using System.Collections;
```

```
using System.Collections.Generic;
using UnityEngine;
using UnityEngine.Networking;

public class WeatherManager: MonoBehaviour
{
    /// <summary>
    /// 获取位置信息
    /// </summary>
    private string postUrl = "http://api.map.baidu.com/location/ip?ak= tkAJ8NXqE2FzjUh2
npcJufk88GFUHyq9&coor=bd09ll";
    /// <summary>
    /// 获取天气信息
    /// </summary>
    string Weatherurl = "http://t.weather.itboy.net/api/weather/city/";

    public static Dictionary<string, string> PosToId = new Dictionary<string, string>();
    public static bool initDic = false;

    void Start()
    {
        //获取位置
        StartCoroutine(RequestPos());
    }

    IEnumerator RequestPos()
    {
        UnityWebRequest request = UnityWebRequest.Get(postUrl);
        yield return request.SendWebRequest();
        if(request.result == UnityWebRequest.Result.ConnectionError)
        {
            Debug.Log(request.error);
        }
        else
        {
            Debug.Log(request.downloadHandler.text);
            CityData data = JsonUtility.FromJson<CityData>(request.downloadHandler.text);
            Debug.Log(data.content.address_detail.city);
            //获取 city_code
            string city_code = GetWeatherId(data.content.address_detail.city);
            Debug.Log(city_code);
            //获取天气信息
            //StartCoroutine(RequestWeatherData(city_code));
        }
    }

    public static string GetWeatherId(string name)
    {
        string city_code = "";
        if (!initDic)
        {
            initDic = true;
            TextAsset city = Resources.Load<TextAsset>("city");
            //Debug.Log(city.text);
```

```
            CityList cityCode = JsonUtility.FromJson<CityList>(city.text);
            foreach (CityCode t in cityCode.infoList)
            {
                PosToId[t.city_name] = t.city_code;
            }
        }
        for (int i = 1; i < name.Length; i++)
        {
            string tn = name.Substring(0, i);
            if (PosToId.ContainsKey(tn))
            {
                city_code = PosToId[tn];
            }
        }
        return city_code;
    }


    IEnumerator RequestWeatherData(string cicy_code)
    {
        UnityWebRequest request = UnityWebRequest.Get(Weatherurl + cicy_code);
        yield return request.SendWebRequest();
        if (request.result == UnityWebRequest.Result.ConnectionError)
        {
            Debug.Log(request.error);
        }
        else
        {
            Debug.Log(request.downloadHandler.text);
            WeatherData t = JsonUtility.FromJson<WeatherData>(request.downloadHandler.text);
            //天气信息
            Debug.Log(t.data.forecast[0].date);
            Debug.Log(t.data.forecast[0].high);
            Debug.Log(t.data.forecast[0].low);
            Debug.Log(t.data.forecast[0].ymd);
            Debug.Log(t.data.forecast[0].week);
            Debug.Log(t.data.forecast[0].sunrise);
            Debug.Log(t.data.forecast[0].sunset);
            Debug.Log(t.data.forecast[0].aqi);
            Debug.Log(t.data.forecast[0].fx);
            Debug.Log(t.data.forecast[0].fl);
            Debug.Log(t.data.forecast[0].type);
            Debug.Log(t.data.forecast[0].notice);
        }
    }
}
```

（2）编写解析 JSON 对应的天气信息解析类，参考代码 7-6。

代码 7-6　天气信息解析类

```
#region 天气信息解析类
[System.Serializable]
public class WeatherData
```

```
{
    public string message;
    public int status;
    public string date;
    public string time;
    public CityInfo cityInfo;
    public WeathData data;
}
[System.Serializable]
public class CityInfo
{
    public string city;
    public string cityId;
    public string parent;
    public string updateTime;
}
[System.Serializable]
public class WeathData
{
    public string shidu;
    public double pm25;
    public double pm10;
    public string quality;
    public string wendu;
    public string ganmao;
    public WeathDetailData[] forecast;
    public WeathDetailData yesterday;
}
[System.Serializable]
public class WeathDetailData
{
    public string date;
    public string sunrise;
    public string high;
    public string low;
    public string sunset;
    public double aqi;
    public string ymd;
    public string week;
    public string fx;
    public string fl;
    public string type;
    public string notice;
}
#endregion
```

运行程序，结果如图 7-11 所示。

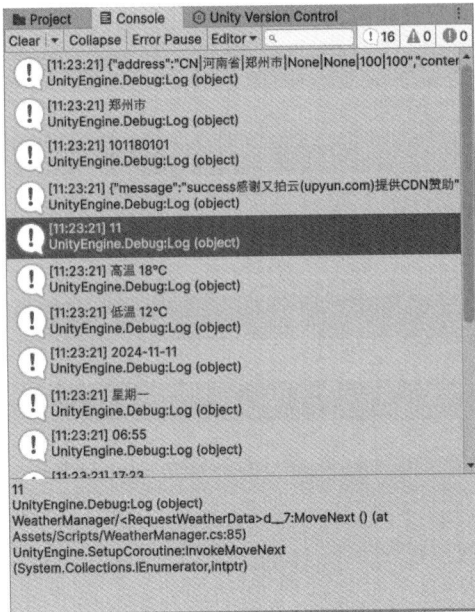

图 7-11　天气信息解析运行结果

整体代码参考代码 7-7。

代码 7-7　整体代码

```
using System.Collections;
using System.Collections.Generic;
using UnityEngine;
using UnityEngine.Networking;

public class WeatherManager : MonoBehaviour
{
    /// <summary>
    /// 获取位置信息
    /// </summary>
    private string postUrl = "http://api.map.baidu.com/location/ip?ak= tkAJ8NXqE2FzjUh2
npcJufk88GFUHyq9&coor=bd09ll";
    /// <summary>
    /// 获取天气信息
    /// </summary>
    string Weatherurl = "http://t.weather.itboy.net/api/weather/city/";

    public static Dictionary<string, string> PosToId = new Dictionary<string, string>();
    public static bool initDic = false;

    void Start()
    {
        //获取位置
        StartCoroutine(RequestPos());
    }
```

```
IEnumerator RequestPos()
{
    UnityWebRequest request = UnityWebRequest.Get(postUrl);
    yield return request.SendWebRequest();
    if(request.result == UnityWebRequest.Result.ConnectionError)
    {
        Debug.Log(request.error);
    }
    else
    {
        Debug.Log(request.downloadHandler.text);
        CityData data = JsonUtility.FromJson<CityData>(request.downloadHandler.text);
        Debug.Log(data.content.address_detail.city);
        //获取 city_code
        string city_code = GetWeatherId(data.content.address_detail.city);
        Debug.Log(city_code);
        //获取天气信息
        //StartCoroutine(RequestWeatherData(city_code));
    }
}

public static string GetWeatherId(string name)
{
    string city_code = "";
    if (!initDic)
    {
        initDic = true;
        TextAsset city = Resources.Load<TextAsset>("city");
        //Debug.Log(city.text);
        CityList cityCode = JsonUtility.FromJson<CityList>(city.text);
        foreach (CityCode t in cityCode.infoList)
        {
            PosToId[t.city_name] = t.city_code;
        }
    }
    for (int i = 1; i < name.Length; i++)
    {
        string tn = name.Substring(0, i);
        if (PosToId.ContainsKey(tn))
        {
            city_code = PosToId[tn];
        }
    }
    return city_code;
}

IEnumerator RequestWeatherData(string cicy_code)
{
    UnityWebRequest request = UnityWebRequest.Get(Weatherurl + cicy_code);
    yield return request.SendWebRequest();
    if (request.result == UnityWebRequest.Result.ConnectionError)
    {
```

```
                Debug.Log(request.error);
            }
            else
            {
                Debug.Log(request.downloadHandler.text);
                WeatherData t = JsonUtility.FromJson<WeatherData>(request.downloadHandler.text);
                //天气信息
                Debug.Log(t.data.forecast[0].date);
                Debug.Log(t.data.forecast[0].high);
                Debug.Log(t.data.forecast[0].low);
                Debug.Log(t.data.forecast[0].ymd);
                Debug.Log(t.data.forecast[0].week);
                Debug.Log(t.data.forecast[0].sunrise);
                Debug.Log(t.data.forecast[0].sunset);
                Debug.Log(t.data.forecast[0].aqi);
                Debug.Log(t.data.forecast[0].fx);
                Debug.Log(t.data.forecast[0].fl);
                Debug.Log(t.data.forecast[0].type);
                Debug.Log(t.data.forecast[0].notice);
            }
        }
    }

    #region 返回的城市名字等数据类
    [System.Serializable]
    public class CityData
    {
        public string address;
        public Content content;
        public int status;
    }
    [System.Serializable]
    public class Content
    {
        public string address;
        public Address_Detail address_detail;
        public Point point;
    }
    [System.Serializable]
    public class Address_Detail
    {
        public string city;
        public int city_code;
        public string district;
        public string province;
        public string street;
        public string street_number;
    }
    [System.Serializable]
    public class Point
    {
        public string x;
        public string y;
```

```
    }
    #endregion

    #region 城市的 city_code 编号代码
    [System.Serializable]
    public class CityList
    {
        public List<CityCode> infoList;
    }
    [System.Serializable]
    public class CityCode
    {
        public int id;
        public int pid;
        public string city_code;
        public string city_name;
        public string post_code;
        public string area_code;
        public string ctime;
    }
    #endregion
    #region 天气数据类
    [System.Serializable]
    public class WeatherData
    {
        public string message;
        public int status;
        public string date;
        public string time;
        public CityInfo cityInfo;
        public WeathData data;
    }
    [System.Serializable]
    public class CityInfo
    {
        public string city;
        public string cityId;
        public string parent;
        public string updateTime;
    }
    [System.Serializable]
    public class WeathData
    {
        public string shidu;
        public double pm25;
        public double pm10;
        public string quality;
        public string wendu;
        public string ganmao;
        public WeathDetailData[] forecast;
        public WeathDetailData yesterday;
    }
    [System.Serializable]
```

```
public class WeathDetailData
{
    public string date;
    public string sunrise;
    public string high;
    public string low;
    public string sunset;
    public double aqi;
    public string ymd;
    public string week;
    public string fx;
    public string fl;
    public string type;
    public string notice;
}
#endregion
```

至此，已经获取到天气信息，接下来，将这些信息显示在 UI 上。

7.3.6　数据展示

前面章节已经将 UI 搭建完成，接下来，将这些数据显示在 UI 上。

（1）打开 WeatherManager.cs 脚本，编辑代码，将 UI 上需要展示的 UI 字段使用代码进行变量声明，参考代码 7-8。

代码 7-8　声明变量

```
//UI 显示
public Text m_TextCityName;                    //城市名字
public Text m_TextQuality;                     //空气质量
public Text m_TextNotice;                      //提示
public Image[] m_ImageType;                    //天气图标，3 个
//今天
public Text m_TextTodayDate;                   //今天日期
public Text m_TextTodayType;                   //今天类型
public Text m_TextTodayTemperature;            //今天温度
public Text m_TextTodayfx;                     //今天风向
//明天
public Text m_TextTomorrowDate;                //明天日期
public Text m_TextTomorrowType;                //明天类型
public Text m_TextTomorrowTemperature;         //明天温度
public Text m_TextTomorrowfx;                  //明天风向
//后天
public Text m_TextAcquiredDate;                //后天日期
public Text m_TextAcquiredType;                //后天类型
public Text m_TextAcquiredTemperature;         //后天温度
public Text m_TextAcquiredfx;                  //后天风向
```

（2）将不同的对象拖入对应的卡槽中，如图 7-12 所示。

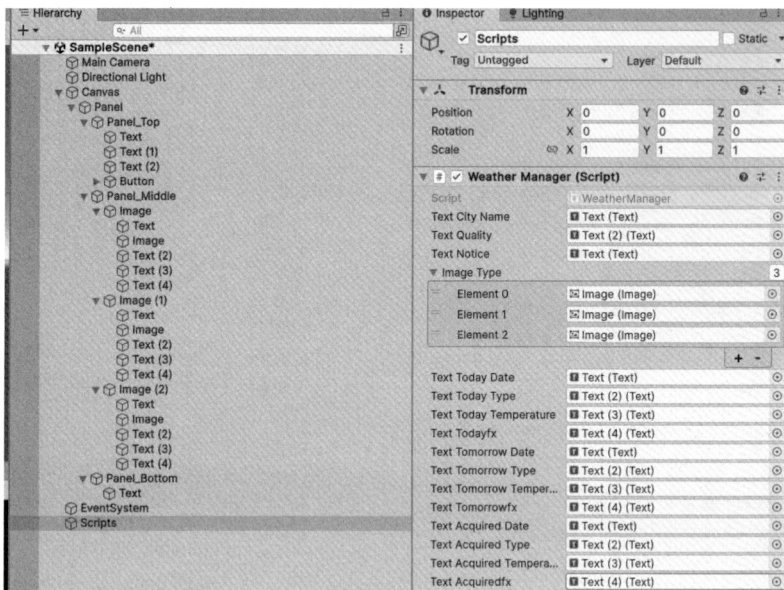

图 7-12　将不同的对象拖入对应的卡槽中

（3）打开 WeatherManager.cs 脚本，编辑代码，将数据显示到 UI，参考代码 7-9。

代码 7-9　将数据显示到 UI 上

```csharp
using System.Collections;
using System.Collections.Generic;
using UnityEngine;
using UnityEngine.Networking;
using UnityEngine.UI;

public class WeatherManager : MonoBehaviour
{
    ///<summary>
    ///获取位置信息
    ///</summary>
    private string postUrl = "http://api.map.baidu.com/location/ip?ak=
tkAJ8NXqE2FzjUh2npcJufk88GFUHyq9&coor=bd09ll";
    ///<summary>
    ///获取天气信息
    ///</summary>
    string Weatherurl = "http://t.weather.itboy.net/api/weather/city/";

    public static Dictionary<string, string> PosToId = new Dictionary<string, string>();
    public static bool initDic = false;

    //UI 显示
    public Text m_TextCityName;              //城市名字
    public Text m_TextQuality;               //空气质量
    public Text m_TextNotice;                //提示
    public Image[] m_ImageType;              //天气图标，3 个
    //今天
```

141

```csharp
public Text m_TextTodayDate;                //今天日期
public Text m_TextTodayType;                //今天类型
public Text m_TextTodayTemperature;         //今天温度
public Text m_TextTodayfx;                  //今天风向
//明天
public Text m_TextTomorrowDate;             //明天日期
public Text m_TextTomorrowType;             //明天类型
public Text m_TextTomorrowTemperature;      //明天温度
public Text m_TextTomorrowfx;               //明天风向
//后天
public Text m_TextAcquiredDate;             //后天日期
public Text m_TextAcquiredType;             //后天类型
public Text m_TextAcquiredTemperature;      //后天温度
public Text m_TextAcquiredfx;               //后天风向

void Start()
{
    //获取位置
    StartCoroutine(RequestPos());
}

IEnumerator RequestPos()
{
    UnityWebRequest request = UnityWebRequest.Get(postUrl);
    yield return request.SendWebRequest();
    if(request.result == UnityWebRequest.Result.ConnectionError)
    {
        Debug.Log(request.error);
    }
    else
    {
        Debug.Log(request.downloadHandler.text);
        CityData data = JsonUtility.FromJson<CityData>(request.downloadHandler.text);
        Debug.Log(data.content.address_detail.city);
        //获取 city_code
        string city_code = GetWeatherId(data.content.address_detail.city);
        Debug.Log(city_code);
        //获取天气信息
        StartCoroutine(RequestWeatherData(city_code));
    }
}

public static string GetWeatherId(string name)
{
    string city_code = "";
    if (!initDic)
    {
        initDic = true;
        TextAsset city = Resources.Load<TextAsset>("city");
        //Debug.Log(city.text);
        CityList cityCode = JsonUtility.FromJson<CityList>(city.text);
        foreach (CityCode t in cityCode.infoList)
        {
            PosToId[t.city_name] = t.city_code;
```

```
            }
        }
        for (int i = 1; i < name.Length; i++)
        {
            string tn = name.Substring(0, i);
            if (PosToId.ContainsKey(tn))
            {
                city_code = PosToId[tn];
            }
        }
        return city_code;
    }

    IEnumerator RequestWeatherData(string cicy_code)
    {
        UnityWebRequest request = UnityWebRequest.Get(Weatherurl + cicy_code);
        yield return request.SendWebRequest();
        if (request.result == UnityWebRequest.Result.ConnectionError)
        {
            Debug.Log(request.error);
        }
        else
        {
            Debug.Log(request.downloadHandler.text);
            WeatherData t = JsonUtility.FromJson<WeatherData>(request.downloadHandler.text);
            //UI 显示数据
            WeatherData_UIShow(t);
        }
    }

    public void WeatherData_UIShow(WeatherData _weatherData)
    {
        m_TextCityName.text = _weatherData.cityInfo.city;
        m_TextQuality.text = _weatherData.data.quality;
        m_TextNotice.text = _weatherData.data.forecast[0].notice;
        string[] data = WeatherData_Parse(_weatherData);
        //今天
        m_TextTodayDate.text = data[0];
        m_TextTodayType.text = data[1];
        m_TextTodayTemperature.text = data[2];
        m_TextTodayfx.text = data[3];
        //明天
        m_TextTomorrowDate.text = data[4];
        m_TextTomorrowType.text = data[5];
        m_TextTomorrowTemperature.text = data[6];
        m_TextTomorrowfx.text = data[7];
        //后天
        m_TextAcquiredDate.text = data[8];
        m_TextAcquiredType.text = data[9];
        m_TextAcquiredTemperature.text = data[10];
        m_TextAcquiredfx.text = data[11];
    }

    public string[] WeatherData_Parse(WeatherData _weatherData)
```

```
    {
        string[] data = new string[12];
        for (int i = 0; i < 3; i++)
        {
            //图片显示
            string path = "weather/" + _weatherData.data.forecast[i].type;
            m_ImageType[i].sprite = Resources.Load(path, typeof(Sprite)) as Sprite;
            //数据计算
            string temperatureLow = _weatherData.data.forecast[i].low;
            string temperatureHigh = _weatherData.data.forecast[i].high;
            temperatureLow = temperatureLow.Substring(3, temperatureLow.Length - 3);
            temperatureHigh = temperatureHigh.Substring(3, temperatureHigh.Length - 3);
            //String 数组用于保存拼接好的字符串
            data[i * 4 + 0] = _weatherData.data.forecast[i].date + "日   " + _weatherData.
            data.forecast[i].week;
            data[i * 4 + 1] = _weatherData.data.forecast[i].type;
            data[i * 4 + 2] = temperatureLow + " ~ " + temperatureHigh;
            data[i * 4 + 3] = _weatherData.data.forecast[i].fx;
        }
        return data;
    }
}
```

（4）运行程序，效果如图 7-13 所示。

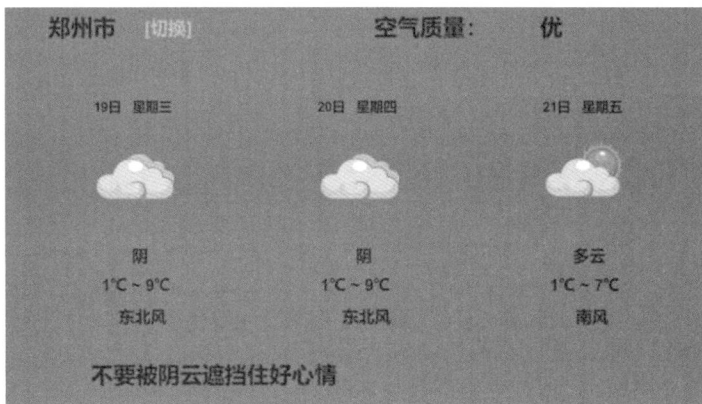

图 7-13　程序运行效果

7.4　总结及习题

7.4.1　本章小结

本章使用 Unity 制作了一个天气预报系统。通过本章内容的学习，读者掌握了如何获取本地位置、如何通过本地位置获取天气数据，以及如何将天气数据显示在 UI 上。

天气预报系统非常实用，可以作为一个小模块嵌入其他系统中，如数字孪生项目和可视化系统。

读者可以使用 Unity 制作逼真的天气特效、日夜效果，以扩展这个系统，让这个系统更加丰富，也可以只对这个系统进行完善。

7.4.2 课后习题

本章实现了使用 Unity 制作天气预报的案例，那么读者可以思考一下，如何制作多个地点天气切换的功能。

第 8 章　使用 Unity 实现聊天室

扫一扫，看视频

聊天室是一种在线交流空间，它允许多个用户通过互联网实时地进行文字、语音和视频交流。这种交流可以是公开的（即所有聊天室内的人都能看到和听到），也可以是私密的（只有特定的人被允许参与）。

在 Unity 中开发聊天室，可以为游戏或应用添加实时通信能力，以增加玩家之间的互动性和社区感。这就需要用到网络通信，如使用 Socket 或者 HTTP 实现客户端与服务器之间的实时通信；用后端服务器来处理消息转发、聊天室管理等；选择合适的数据库（MongoDB、MySQL）来存储用户信息、聊天记录等；使用 Unity 的 UI 系统（Canvas、Text 组件等）设计聊天界面，确保界面友好、便捷操作。

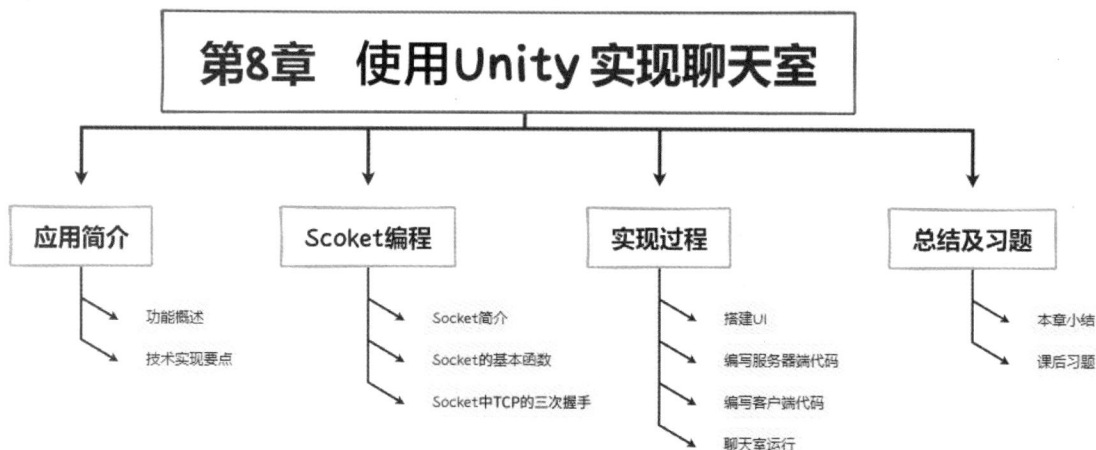

8.1　应 用 简 介

本节将全面介绍基于 Unity 的聊天室功能进行，包括其功能概述以及技术实现要点。

8.1.1　功能概述

在 Unity 中开发聊天室是一个综合性的项目，涉及网络通信、后端开发、UI 设计等多个方面。通过合理规划和技术选型，可以实现一个功能丰富、用户体验良好的聊天系统，从而为游戏或应用增加互动性和社区价值。同时，持续的技术优化和用户体验改进是保持聊天室活跃度和用户满意度的关键。

8.1.2　技术实现要点

（1）网络通信：通过 Socket 通信协议实现客户端与服务器之间的实时通信。Socket 基于 TCP（传输控制协议）和 UDP（用户数据报协议）进行通信。其中，TCP 提供可靠的、面向连接的通信服务，确保数据的准确传输和顺序；而 UDP 则提供无连接、不可靠但高效的通信服务，适用于对实时性要求较高、对数据丢失不太敏感的场景。

（2）后端服务：搭建一个基于 C#语言的控制台程序，负责处理用户登录、消息转发等逻辑。

（3）UI 设计：使用 Unity 的 UI 系统搭建聊天界面。

8.2　Socket 编程

Socket 编程是对网络中不同主机上的应用进程之间进行双向通信的端点的抽象。

一个 Socket 就是网络上进程通信的一端提供了应用层进程利用网络协议交换数据的机制。从所处的地位来讲，Socket 上连应用进程，下连网络协议栈，是应用程序通过网络协议进行通信的接口。

8.2.1　Socket 简介

提到 Socket 就不可避免地要说到 TCP/IP、UDP。TCP/IP（Transmission Control Protocol/Internet Protocl，传输控制协议/互联网协议）是一个工业标准的协议集，它是为广域网设计的。UDP 是用户数据报协议，与 TCP 相对应。

Socket 是应用层与 TCP/IP 协议族通信的中间软件抽象层，它是一组接口，即将复杂的 TCP/IP 协议族隐藏在 Socket 接口后面。Socket 负责组织数据，以符合指定的协议。Socket 起源于 UNIX，而 UNIX/Linux 的基本哲学之一就是"一切皆文件"，都可以用"打开（Open）—读/写（Read / Write）—关闭（Close）"模式来操作。Socket 就相当于一个特殊的文件，Socket 函数就是对网络进行的操作（读/写、打开、关闭），这些函数在后面会进行介绍。

下面介绍 Socket 编程的工作原理，以帮助读者更好地理解 Socket 编程知识。

下面通过一个生活中的例子解释 Socket 编程的工作原理。例如，你要打电话给一个朋友，先拨号，朋友听到电话铃声后提起电话，这时你和你的朋友就建立了连接，就可以讲话了。等交流结束，挂断电话即可结束此次交谈。Socket 的任务就是让服务器端和客户端进行连接，然后发送数据，下面先从服务器端说起。服务器端先初始化 Socket，然后与端口绑定（bind），对端口进行监听（listen），调用 accept 阻塞，等待客户端连接。假设有个客户端初始化一个 Socket，然后连接服务器端（connect），如果连接成功，这时客户端与服务器端的连接就建立了。客户端发送数据请求，服务器端接收请求并处理请求，然后把回应数据发送给客户端，客户端读取数据，最后关闭连接，一次交互结束。图 8-1 演示了这个过程。

下面就详细介绍这些函数的使用方法。

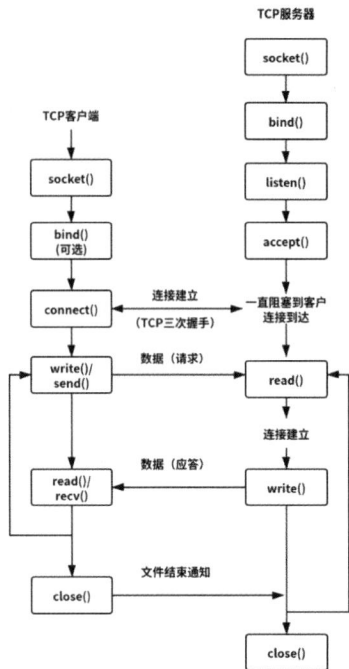

图 8-1 Socket 通信连接过程

8.2.2 Socket 的基本函数

既然 Socket 是"Open—Read / Write—Close"模式的一种实现，因此它也提供了这些操作对应的函数接口。下面以 TCP 为例，介绍几个基本的 Socket 接口函数。

1. Socket 函数

Socket 实例化函数用于创建一个 Socket 对象，后续操作都会用到它。

```
public Socket(AddressFamily addressFamily, SocketType socketType, ProtocolType protocolType);
```

（1）AddressFamily：即协议域，又称为协议族（family）。常用的协议族有 AF_INET、AF_INET6、AF_LOCAL（或称 AF_UNIX，用于 UNIX 域 Socket）、AF_ROUTE 等。协议族决定了 Socket 的地址类型，在通信中必须采用对应的地址，如 AF_INET 决定了要用 IPv4 地址（32 位）与端口号（16 位）的组合，AF_UNIX 决定了要用一个绝对路径名作为地址。

（2）SocketType：指定 Socket 类型。常用的 Socket 类型有 SOCK_STREAM、SOCK_DGRAM、SOCK_RAW、SOCK_PACKET、SOCK_SEQPACKET 等。

（3）ProtocolType：即指定协议。常用的指定协议有 IPPROTO_TCP、IPPROTO_UDP、IPPROTO_SCTP、IPPROTO_TIPC 等，它们分别对应 TCP 传输协议、UDP 传输协议、STCP 传输协议、TIPC 传输协议。

📢 提示：

SocketType 和 ProtocolType 并不是可以随意组合的，如 SOCK_STREAM 不可以与 IPPROTO_UDP 组合。

当调用 Socket 函数创建一个 Socket 时,返回的 Socket 存在于指定的协议族(address family)空间中,但此时协议族中还没有具体的地址。如果想要给它分配一个地址,就必须调用 Bind 函数;否则,当调用 Connect、Listen 函数时,系统会自动随机分配一个端口。

2. Bind 函数

正如上面所说,Bind 函数的作用是把一个地址族中的特定地址赋给 Socket。例如,对于 AF_INET、AF_INET6,就是把一个 IPv4 或 IPv6 地址和端口号组合赋给 Socket。

```
public void Bind(EndPoint localEP);
```

EndPoint:端口号设置,设置 IP 地址和端口号。

通常服务器端在启动时都会绑定一个 IP 地址和端口号,用于提供服务,客户端可以通过这个地址和端口号连接服务器端,服务器端在启动时需要绑定一个 IP 地址和端口号,用于提供服务。通常,服务器会监听一个固定的端口号,客户端通过这个端口号与服务器建立连接。而客户端在连接服务器时,通常不需要手动指定本地端口号。系统会自动为客户端分配一个临时端口号,并使用客户端设备自身的 IP 地址来发起连接。这就是为什么通常服务器端在 Listen 之前会调用 Bind 函数,客户端就不会调用,而是在调用 Connect 函数时由系统随机生成一个。

3. Listen、Connect 函数

作为一个服务器端,在调用 Socket、Bind 函数之后就会调用 Listen 函数来监听这个 Socket,如果客户端这时调用 Connect 函数发出连接请求,服务器端就会接收到这个请求。

```
public void Listen(int backlog);
public void Connect(IPAddress[] addresses, int port);
```

Listen 函数的 backlog 参数是同一时间点过来的客户端的最大值。Socket 函数创建的 Socket 默认是主动类型的,Listen 函数将 Socket 变为被动类型,等待客户的连接请求。

Connect 函数的第一个参数 addresses 为服务器端的地址,第二参数 port 为服务器端的端口号。客户端通过调用 Connect 函数来建立与 TCP 服务器端的连接。

4. Accept 函数

TCP 服务器端依次调用 Socket、Bind、Listen 函数之后,就会监听指定的 Socket 地址。

TCP 客户端依次调用 Socket、Connect 函数之后,就向 TCP 服务器端发送一个连接请求。

TCP 服务器端监听到这个请求之后,就会调用 Accept 函数接收请求,这样连接就建立好了。然后就可以开始网络 I/O 操作了,即类似于普通文件的读/写(I/O)操作。

```
public Socket Accept();
```

Accept 函数代表启动 TCP 连接。

📢 提示:

Accept 函数启动连接后,在该服务器端的生命周期内一直启动。当服务器端完成了对某个客户的服务时,相应的已连接 Socket 就应该被关闭。

5. Send 函数、Receive 函数

至此,服务器端与客户端已经建立了连接。下面可以调用网络 I/O 函数进行读/写操作,即

实现网络中不同进程之间的通信。

```
public int Send(byte[] buffer, int offset, int size, SocketFlags socketFlags, out
SocketError errorCode);
public int Receive(byte[] buffer, SocketFlags socketFlags);
```

Receive 函数负责读取内容，当读取成功时，返回实际所读的字节数，如果返回的值是 0，表示已经读到文件的结尾，小于 0 表示出现了错误。如果错误为 EINTR，说明读取被中断；如果是 ECONNREST，表示网络连接被重置。

Send 函数将 buffer 中的 bytes 字节内容发送出去，成功时返回实际发送的字节数，失败时返回−1，并设置 error 变量。在网络程序中，向服务器发送数据时有两种返回值：①返回值大于 0，表示成功发送部分或者全部数据；②返回值小于 0，表示出现了错误。要根据错误类型来处理，如果错误为 EINTR，表示在发送数据时出现了中断错误。如果为 ECONNREST，表示网络连接问题（对方已经关闭了连接）。

6. Close 函数

在服务器端与客户端建立连接之后，会进行一些发送、接收数据操作，完成这些操作之后就要关闭相应的 Socket 对象，就像操作完打开的文件要调用 Close 函数关闭打开的文件一样。

```
public void Close();
```

Close 函数用于关闭一个 Socket 对象，释放这个对象占用的内存，即这个对象无法再发送、接收数据。

8.2.3 Socket 中 TCP 的三次握手

TCP 建立连接要进行 Three-Way Handshake（三次握手）。所谓三次握手，是指建立一个 TCP 连接时，客户端和服务器端之间需要发送三个包以确认连接的建立。在 Socket 编程中，这一过程由客户端执行 Connect（连接）函数来触发，整个流程如图 8-2 所示。

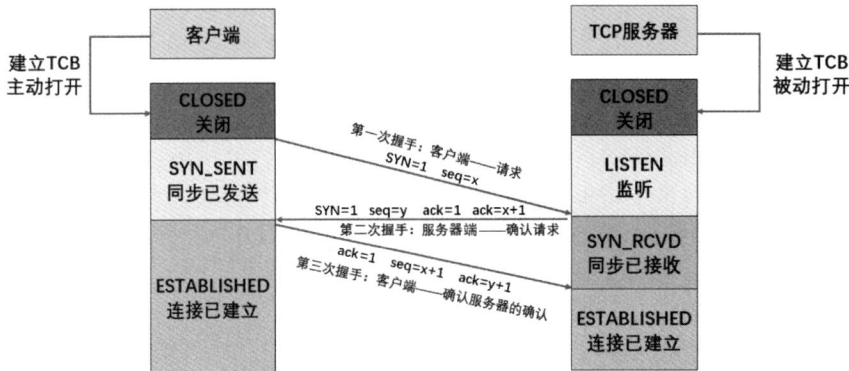

图 8-2 Socket 中发送的 TCP 三次握手

第一次握手：客户端执行 Connect 函数来触发连接，将标识位 SYN 置为 1，并产生一个随机值 seq=x，然后将该数据包发送给服务器端。客户端进入 SYN_SENT（发送状态），等待服务器端确认。

第二次握手：服务器端收到数据包后，由标识位 SYN=1 知道客户端请求建立连接，客户端将标识位 SYN 置为 1，然后将 ack=x+1（x 是从客户端获取的随机数），并产生一个随机数 seq=y，然后将该数据包发送给客户端以确认连接请求，服务器端进入 SYN_RCVD（接收状态）。

第三次握手：客户端收到数据包后，检查 ack 是否为 x+1，如果正确，则将标识位 ack 置为 1，然后将 ack=y+1（y 是从服务器端获取的随机数），并将数据包发送给服务器端，服务器端检查 ack 是否为 y+1，如果正确，则连接建立成功，客户端和服务器端进入 ESTABLISHED（连接建立成功状态），完成三次握手，随后客户端和服务器端之间就可以开始传输数据了。

📢 提示：

> SYN 攻击：在三次握手过程中，服务器端发送 SYN-ACK 后，收到客户端的 ack 之前的 TCP 连接称为半连接，此时服务器端处于 SYN_RCVD 状态，当收到 ack 后，服务器端转入 ESTABLISHED 状态。SYN 攻击就是客户端在短时间内伪造大量不存在的 IP 地址，并向服务器端不断发送 SYN 包，服务器端回复确认包，并等待客户端的确认。由于源地址不存在，因此服务器端需要不断地重发直至超时。这些伪造的 SYN 包将长时间占用未连接队列，导致正常的 SYN 请求因为队列满而被丢弃，从而引起网络阻塞甚至系统瘫痪。SYN 攻击就是一种典型的 DDoS 攻击，检测 SYN 攻击的方式也很简单，即当有大量半连接状态且源地址是随机的时，就可以断定遭到 SYN 攻击了。

8.3 实现过程

下面就用 Unity 和 C#制作一个简单的聊天工具。

主要用到的技术就是前面介绍的 Socket 通信，因为需要一个客户端和一个服务器端，服务器端就使用 C#的控制台程序来实现。

对于 C#控制台不太熟悉的读者，可以使用已经写好的服务器程序，程序文件以及 Unity 程序文件在"资源包→第 8 章资源文件"文件夹中的 ChatProgram.zip 文件中。

整体的服务器端和客户端功能的实现流程如图 8-3 所示。

图 8-3 整体的服务器端和客户端功能的实现流程

8.3.1　搭建 UI

　　下面搭建 UI，分为三个界面：初始界面、登录界面和聊天界面。

　　（1）在 Hierarchy 视图中，选择 Create→UI→Panel 命令，设置 Left 为 320、Top 为 180、Right 为 960、Bottom 为 180，名字改为 LeftChat，如图 8-4 所示。

　　（2）选中 LeftChat 对象，然后根据第（1）步的操作再新建 3 个 Panel，分别命名为 LoadingPanel、LoginPanel、ChatPanel，如图 8-5 所示。

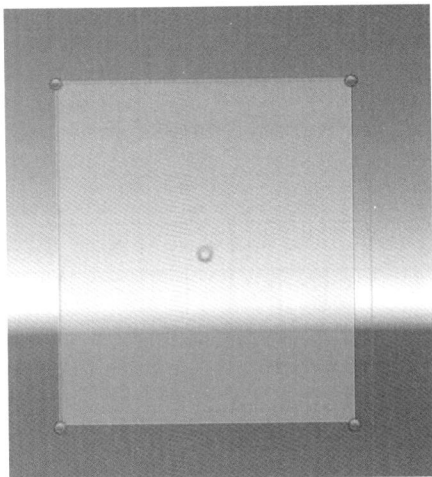

图 8-4　新建 Panel 并设置大小

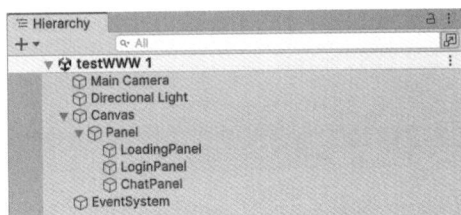

图 8-5　新建 3 个 Panel，分别是 LoadingPanel、
LoginPanel、ChatPanel

　　（3）选中 LoadingPanel 对象，然后新建一个 Text，文本内容改为 Loading，如图 8-6 所示。

　　（4）选中 LoginPanel 对象，先新建一个 Text，再新建一个 InputField 组件，用来接收用户输入的用户名，最后新建一个 Button 组件，用来登录。UI 整体界面如图 8-7 所示。

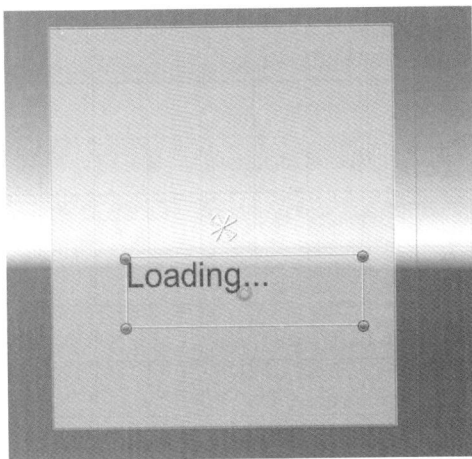

图 8-6　新建 Text，文本内容改为 Loading

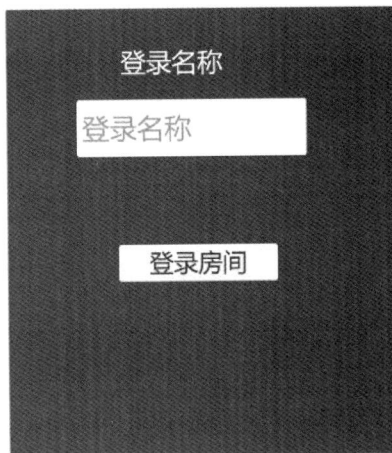

图 8-7　UI 整体界面

（5）选中 ChatPanel 对象，将 ChatPanel 对象的 Image 组件的图片改为资源面板中 Texture 中的 Background.png 图片，然后新建两个 Button 组件，分别命名为 SendButton、OutRoomButton，这两个 Button 组件分别用来退出房间和发送消息，然后新建一个 Text 用来显示消息，再新建一个 InputField 用来接收用户要发送的消息。整体界面布局如图 8-8 所示。

图 8-8　整体界面布局

8.3.2　编写服务器端代码

下面开始搭建 C#服务器端。

（1）新建一个 C#控制台程序，命名为 Server，如图 8-9 所示。

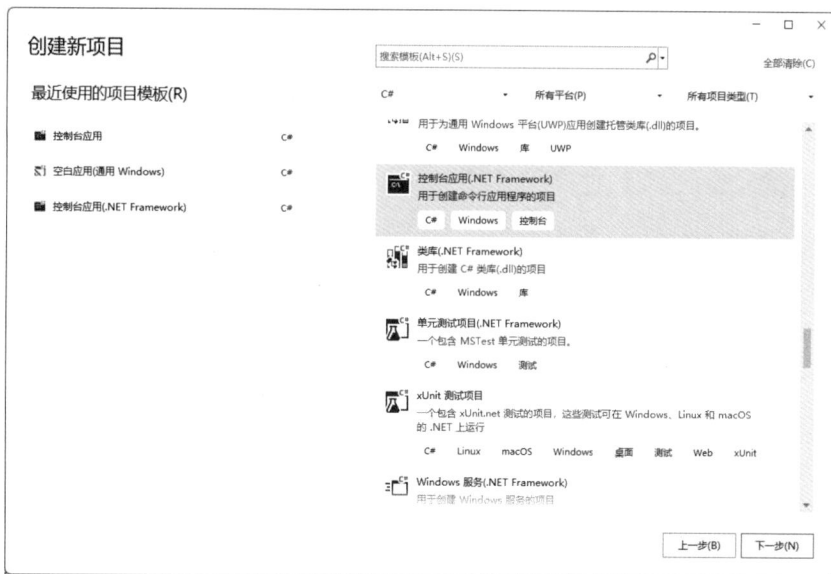

图 8-9　新建 C#控制台程序

（2）右击项目 Server，在弹出的快捷菜单中选择"添加"→"新建项"命令，如图 8-10所示。

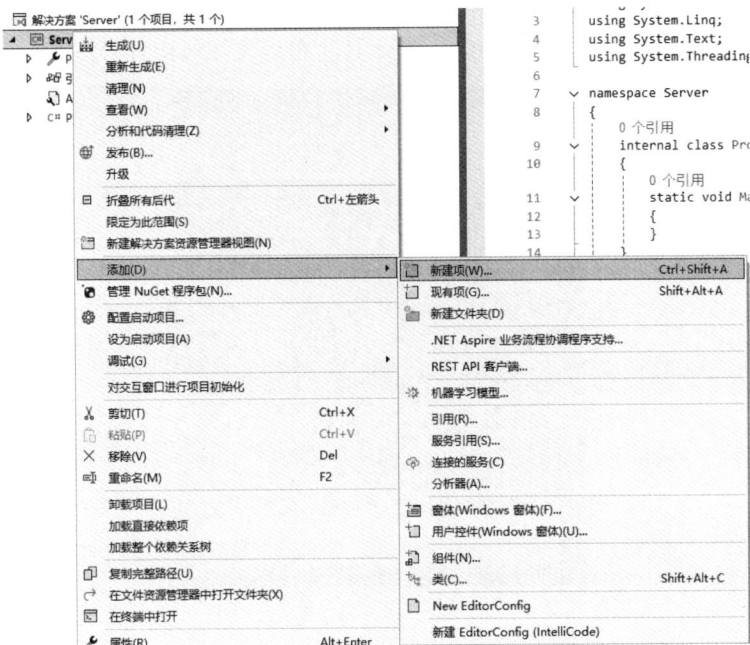

图 8-10　添加新建项

（3）在弹出的窗口中选择类，然后重命名为 MessageData.cs，用来存放数据类型，如图 8-11所示。

图 8-11　新建 MessageData.cs 类

这个 MessageData.cs 类中存放的是指定的消息协议，每条消息都是通过创建消息对象，并设置消息类型和消息内容组成的，服务器端和客户端都必须遵循这个消息协议。

（4）双击打开 MessageData.cs 脚本，修改代码，参考代码 8-1。

代码 8-1　在 MessageData 脚本中设置消息协议

```
namespace Server
{
    ///<summary>
    ///消息体
    ///</summary>
    public class MessageData
    {
        ///<summary>
        ///消息类型
        ///</summary>
        public MessageType msgType;
        ///<summary>
        ///消息内容
        ///</summary>
        public string msg;
    }
    ///<summary>
    ///简单的协议类型
    ///</summary>
    public enum MessageType
    {
        Chat = 0,          //聊天
        Login = 1,         //登录
        LogOut = 2,        //退出
    }
}
```

（5）再次添加新建项，命名为 ClientController.cs，这个脚本用来控制所有的客户端程序，然后修改 ClientController.cs 脚本，参考代码 8-2。

代码 8-2　修改 ClientController.cs 脚本内容

```
using System;
using System.Net.Sockets;
using System.Threading;

namespace Server
{
    class ClientController
    {
        ///<summary>
        ///用户连接的通道
        ///</summary>
        private Socket clientSocket;
        //接收的线程
        Thread receiveThread;
        ///<summary>
        ///昵称
```

```
///</summary>
public string nickName;
public ClientController(Socket socket)
{
    clientSocket = socket;
    //启动接收的方法
    //开始接收的线程
    receiveThread = new Thread(ReceiveFromClient);
    //启动接收的线程
    receiveThread.Start();
}


///<summary>
///客户端连接，监听消息
///</summary>
void ReceiveFromClient()
{
    while (true)
    {
        byte[] buffer = new byte[512];
        int lenght = clientSocket.Receive(buffer, 0, buffer.Length, SocketFlags.None);
        string json = System.Text.Encoding.UTF8.GetString(buffer, 0, lenght);
        json.TrimEnd();
        if (json.Length > 0)
        {
            Console.WriteLine("服务器接收内容: {0}", json);
            MessageData data = LitJson.JsonMapper.ToObject<MessageData>(json);
            switch (data.msgType)
            {
                case MessageType.Login:              //登录
                    nickName = data.msg;
                    //通知客户端登录成功
                    MessageData backData = new MessageData();
                    backData.msgType = MessageType.Login;
                    backData.msg = "";
                    SendToClient(backData);
                    //通知所有客户端，×××加入房间
                    MessageData chatData = new MessageData();
                    chatData.msgType = MessageType.Chat;
                    chatData.msg = nickName + " 进入了房间";
                    SendMessageDataToAllClientWithOutSelf(chatData);
                    break;
                case MessageType.Chat:               //聊天
                    MessageData chatMessageData = new MessageData();
                    chatMessageData.msgType = MessageType.Chat;
                    chatMessageData.msg = nickName + ":" + data.msg;
                    SendMessageDataToAllClientWithOutSelf(chatMessageData);
                    break;
                case MessageType.LogOut:              //退出
                                                     //通知客户端退出
                    MessageData logOutData = new MessageData();
                    logOutData.msgType = MessageType.LogOut;
                    SendToClient(logOutData);
                    //通知所有客户端，×××退出了房间
```

```
                    MessageData logOutChatData = new MessageData();
                    logOutChatData.msgType = MessageType.Chat;
                    logOutChatData.msg = nickName + " 退出了房间";
                    SendMessageDataToAllClientWithOutSelf(logOutChatData);
                    break;
                }
            }
        }
    }

    ///<summary>
    ///向除了自身客户端的其他所有客户端广播消息
    ///</summary>
    ///<param name="data"></param>
    void SendMessageDataToAllClientWithOutSelf(MessageData data)
    {
        for (int i = 0; i < Program.clientControllerList.Count; i++)
        {
            if (Program.clientControllerList[i] != this)
            {
                Program.clientControllerList[i].SendToClient(data);
            }
        }
    }

    ///<summary>
    ///发消息给客户端
    ///</summary>
    ///<param name="data">需要发送的内容</param>
    void SendToClient(MessageData data)
    {
        //把对象转换为 JSON 字符串
        string msg = LitJson.JsonMapper.ToJson(data);
        //把 JSON 字符串转换为 byte 数组
        byte[] msgBytes = System.Text.Encoding.UTF8.GetBytes(msg);
        //发送消息
        int sendLength = clientSocket.Send(msgBytes);
        Console.WriteLine("服务器发送信息成功，发送信息内容：{0}，长度{1}", msg, sendLength);
        Thread.Sleep(50);
    }
    }
}
```

需要注意的是，这个脚本引用了一个 LitJson 程序包用来解析 JSON 数据。为了正确使用该功能，需要先安装 LitJson 包。具体操作如下：右击项目，在弹出的快捷菜单中选择"管理 NuGet 程序包"，在弹出的窗口中搜索 LitJson，然后安装即可，如图 8-12 所示。

（6）双击打开 Program.cs 脚本，这个脚本是 C#控制台程序的主脚本，其中的 Main 函数是程序的入口函数，可以看到 Main 函数中已经生成了一行代码，运行程序可以看到应用程序中输出 Hello World。下面就来修改 Program.cs 脚本，参考代码 8-3。

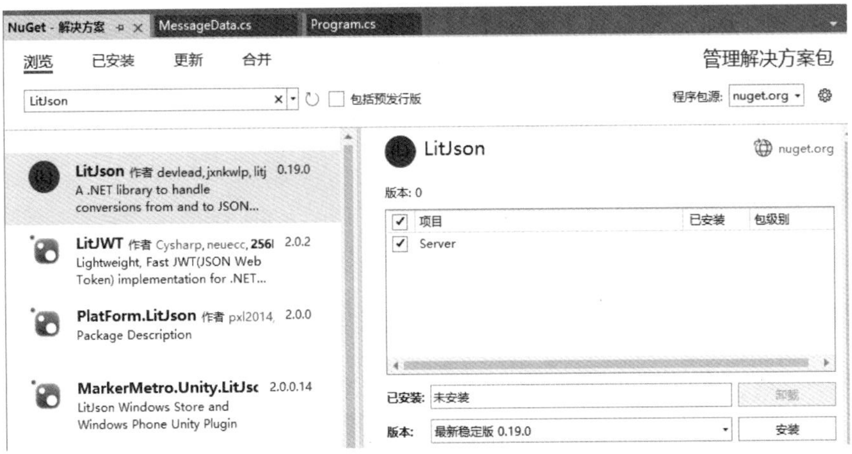

图 8-12　使用 NuGet 导入 LitJson 程序包

代码 8-3　修改 Program.cs 脚本，设置服务器端的主要参数

```
using System;
using System.Collections.Generic;
using System.Net;
using System.Net.Sockets;
namespace Server
{
    class Program
    {
        ///<summary>
        ///客户端管理列表
        ///</summary>
        public static List<ClientController> clientControllerList = new List<ClientController>();
        static void Main(string[] args)
        {
            //定义 Socket
            Socket serverSocket = new Socket(AddressFamily.InterNetwork, SocketType.Stream,
            ProtocolType.Tcp);
            //绑定 IP 和端口号
            IPEndPoint ipendPoint = new IPEndPoint(IPAddress.Parse("127.0.0.1"), 8080);
            Console.WriteLine("开始绑定端口号……");
            //将 IP 地址和端口号绑定
            serverSocket.Bind(ipendPoint);
            Console.WriteLine("绑定端口号成功，开启服务器……");
            //开启服务器
            serverSocket.Listen(100);
            Console.WriteLine("启动服务器{0}成功!", serverSocket.LocalEndPoint.ToString());
            while (true)
            {
                Console.WriteLine("等待连接……");
                Socket clinetSocket = serverSocket.Accept();
                Console.WriteLine("客户端{0}成功连接",clinetSocket.RemoteEndPoint.ToString());
                ClientController controller = new ClientController(clinetSocket);
                //添加到列表中
                clientControllerList.Add(controller);
```

```
                    Console.WriteLine("当前有{0}个用户", clientControllerList.Count);
                }
            }
        }
    }
}
```

（7）在 Visual Studio 中单击运行按钮，启动服务器，如图 8-13 所示。

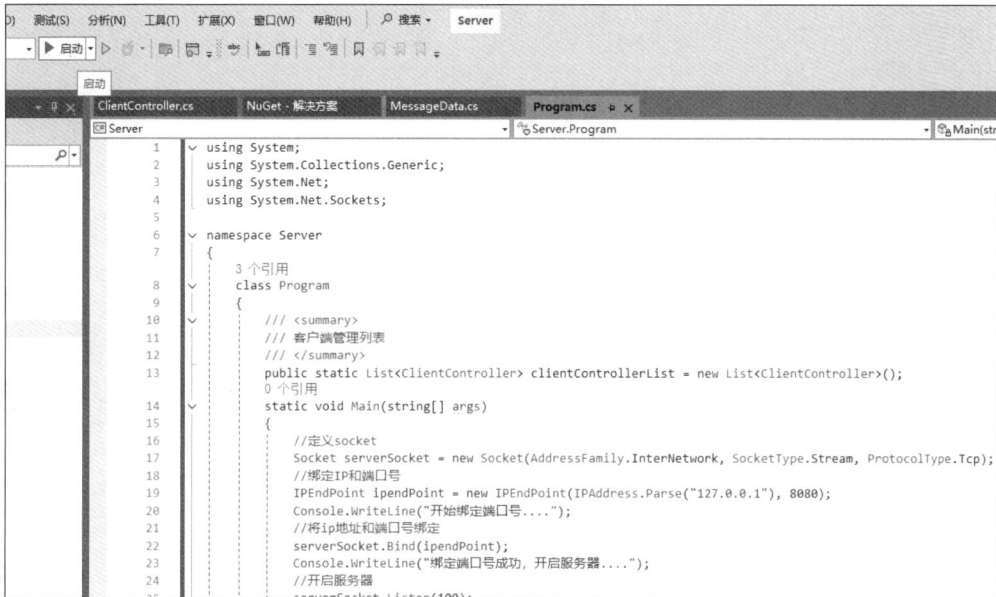

图 8-13　启动服务器

（8）如果启动服务器正常，会弹出一个窗口，如图 8-14 所示。

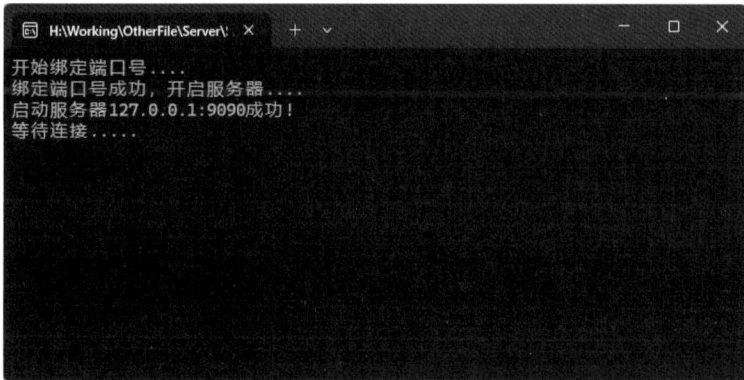

图 8-14　启动服务器，显示控制台窗口

8.3.3　编写客户端代码

（1）新建一个脚本，命名为 ClientSocket.cs，用来管理客户端代码，如客户端连接服务器、接收服务器消息、给服务器发送消息等。双击打开脚本文件，修改脚本代码，参考代码 8-4。

代码 8-4　客户端连接程序代码

```csharp
using UnityEngine;
using System.Net;
using System.Net.Sockets;
using System;
using LitJson;
///<summary>
///声明一个委托对象
///</summary>
///<param name="data">接收到的数据</param>
public delegate void ReceiveMessageData(byte[] buffer, int offset, int size);
///<summary>
///当连接改变
///</summary>
public delegate void OnConnectChange();
public class ClientSocket: MonoBehaviour
{
    ///<summary>
    ///客户端 Socket
    ///</summary>
    Socket clientSocket;
    ///<summary>
    ///数据缓冲池
    ///</summary>
    private byte[] buffer = new byte[10000];
    ///<summary>
    ///委托变量
    ///</summary>
    public ReceiveMessageData receiveMessageData;
    ///<summary>
    ///连接成功
    ///</summary>
    public OnConnectChange onConnectSuccess;
    void Start()
    {
        //创建 Socket 对象
        clientSocket = new Socket(AddressFamily.InterNetwork, SocketType.Stream, ProtocolType.Tcp);
        IPEndPoint ipendPoint = new IPEndPoint(IPAddress.Parse("127.0.0.1"), 8080);
        Debug.Log("连接服务器……");
        //请求连接
        clientSocket.BeginConnect(ipendPoint, ConnectCallback, "");
    }
    ///<summary>
    ///连接的回调，当连接成功时调用
    ///</summary>
    ///<param name="ar"></param>
    public void ConnectCallback(IAsyncResult ar)
    {
        if (clientSocket.Connected == true)
        {
            //调用连接成功的回调
            onConnectSuccess();
            //连接成功
```

```csharp
            Debug.Log("连接成功……");
            //开启接收消息
            ReceiveMessageFromServer();
        }
        else
        {
            //连接失败
            Debug.Log("连接失败……");
        }
    }
    ///<summary>
    ///从服务器开始接收信息
    ///</summary>
    public void ReceiveMessageFromServer()
    {
        Debug.Log("开始接收数据……");
        clientSocket.BeginReceive(buffer, 0, buffer.Length, SocketFlags.None,
        ReceiveMessageCallback, "");
    }
    ///<summary>
    ///接收回调，每当服务器发送消息时调用
    ///</summary>
    ///<param name="ar"></param>
    public void ReceiveMessageCallback(IAsyncResult ar)
    {
        Debug.Log("接收结束……");
        //结束接收
        int length = clientSocket.EndReceive(ar);
        Debug.Log("接收的长度是: " + length);
        string msg = ByteArrayToString(buffer, 0, length);
        Debug.Log("服务器发过来的消息是: " + msg);
        if (receiveMessageData != null)
        {
            receiveMessageData(buffer, 0, length);
        }
        //开启接收下一次消息
        ReceiveMessageFromServer();
    }


    ///<summary>
    ///发送状态消息给服务器
    ///</summary>
    ///<param name="msg"></param>
    public void PutMessageToQueue(MessageData data)
    {
        //将对象序列化发过去
        byte[] msgBytes = StringToByteArray(JsonMapper.ToJson(data));
        SendBytesMessageToServer(msgBytes, 0, msgBytes.Length);
        Debug.Log("开始发送的字节为: " + msgBytes);
    }
    ///<summary>
    ///发送聊天消息给服务器
    ///</summary>
    ///<param name="msg"></param>
```

```
    public void PutMessageToQueue(string msg)
    {
        MessageData msgdata = new MessageData();
        msgdata.msgType = MessageType.Chat;
        msgdata.msg = msg;
        //将对象序列化发过去
        byte[] msgBytes = StringToByteArray(JsonMapper.ToJson(msgdata));
        SendBytesMessageToServer(msgBytes, 0, msgBytes.Length);
    }
    ///<summary>
    ///给服务器发送消息
    ///</summary>
    ///<param name="sendMsgContent">消息内容</param>
    ///<param name="offset">从第几个消息内容开始发送</param>
    ///<param name="size">发送的长度</param>
    public void SendBytesMessageToServer(byte[] sendMsgContent, int offset, int size)
    {
        Debug.Log("发送成功……");
        clientSocket.BeginSend(sendMsgContent, offset, size, SocketFlags.None,
        SendMessageCallback, "");
    }
    ///<summary>
    ///发送消息的回调，每当发送完消息时调用
    ///</summary>
    ///<param name="ar"></param>
    public void SendMessageCallback(IAsyncResult ar)
    {
        Debug.Log("发送结束……");
        //停止发送
        int length = clientSocket.EndSend(ar);
    }
    ///<summary>
    ///将 byte 数组转换为字符串
    ///</summary>
    ///<param name="byteArray"></param>
    ///<returns></returns>
    public static string ByteArrayToString(byte[] byteArray, int index, int size)
    {
        return System.Text.Encoding.UTF8.GetString(byteArray, index, size);
    }
    ///<summary>
    ///将一个字符串转换为一个字节数组
    ///</summary>
    ///<param name="msg"></param>
    ///<returns></returns>
    public static byte[] StringToByteArray(string msg)
    {
        return System.Text.Encoding.UTF8.GetBytes(msg);
    }
}
```

（2）按照上一步操作再次新建一个脚本，命名为 ChatUIController.cs，用来管理 UI 控件，如 UI 交互事件等，双击打开脚本，然后修改脚本代码，参考代码 8-5。

代码 8-5　Chat UI Controller.cs 脚本

```csharp
using UnityEngine;
using UnityEngine.UI;
public class ChatUIController: MonoBehaviour
{
    //昵称
    public InputField nickNameInputField;
    //显示消息的文本
    public Text text;
    //要发送的内容
    public InputField sendMsgInputField;
    //Socket对象，代表客户端
    private ClientSocket clientSocket;
    //接收的消息
    private string receiveMsg;
    //界面 0==loading 1==登录　2==聊天
    public GameObject[] panels;
    //登录状态 0==loading 1==登录　2==聊天
    private int LoadingState;
    void Start()
    {
        clientSocket = this.GetComponent<ClientSocket>();
        //将委托和具体方法关联
        clientSocket.onConnectSuccess += OnSocketConnectSuccess;
        clientSocket.receiveMessageData += ReceiveMsgData;
    }
    void Update()
    {
        text.text = receiveMsg;
        panels[0].SetActive(LoadingState==0);
        panels[1].SetActive(LoadingState==1);
        panels[2].SetActive(LoadingState==2);
    }
    ///<summary>
    ///发送按钮单击事件
    ///</summary>
    public void SendBtnClick()
    {
        if (sendMsgInputField != null && sendMsgInputField.text != "")
        {
            //发送
            clientSocket.PutMessageToQueue(sendMsgInputField.text);
            receiveMsg += "我: " + sendMsgInputField.text + "\n";
            //清理输入框内容
            sendMsgInputField.text = "";
        }
    }
    ///<summary>
    ///加入房间按钮单击事件
    ///</summary>
    public void JoinInBtnClick()
    {
        if (nickNameInputField != null && nickNameInputField.text != "")
```

```
    {
        //创建数据对象
        MessageData data = new MessageData();
        data.msgType = MessageType.Login;
        data.msg = nickNameInputField.text;
        //发送数据对象
        clientSocket.PutMessageToQueue(data);
    }
    else
    {
        //提示
        Debug.Log("昵称不能为空!");
    }
}
///<summary>
///退出房间按钮单击事件
///</summary>
public void LogOutBtnClick()
{
    //消息数据
    MessageData data = new MessageData();
    data.msgType = MessageType.LogOut;
    //把消息传进去
    clientSocket.PutMessageToQueue(data);
}
///<summary>
///连接服务器成功的回调
///</summary>
public void OnSocketConnectSuccess()
{
    //进入登录界面
    LoadingState = 1;
}
///<summary>
///接收消息的方法
///</summary>
///<param name="byteArray"></param>
///<param name="offset"></param>
///<param name="length"></param>
public void ReceiveMsgData(byte[] byteArray, int offset, int length)
{
    string msg = ClientSocket.ByteArrayToString(byteArray, offset, length);
    Debug.Log("收到信息: " + msg);
    //对信息进行处理
    MessageData data = LitJson.JsonMapper.ToObject<MessageData>(msg);
    switch (data.msgType)
    {
        case MessageType.Login:        //如果是登录，代表界面可以切换了
            receiveMsg = "";
            LoadingState = 2;
            break;
        case MessageType.Chat:         //如果是聊天，代表进行聊天的显示
            receiveMsg += data.msg + "\n";
            break;
```

```
                    case MessageType.LogOut:       //退出消息
                        receiveMsg = "";
                        LoadingState = 1;
                        break;
                }
            }
        }
```

（3）返回 Unity 编辑器，选择 Hierarchy 视图中的 LeftChat 对象，为该对象添加 ChatUIController.cs 组件和 ClientSocket.cs 组件，然后将 UI 组件拖到对应的卡槽中，如图 8-15 所示。

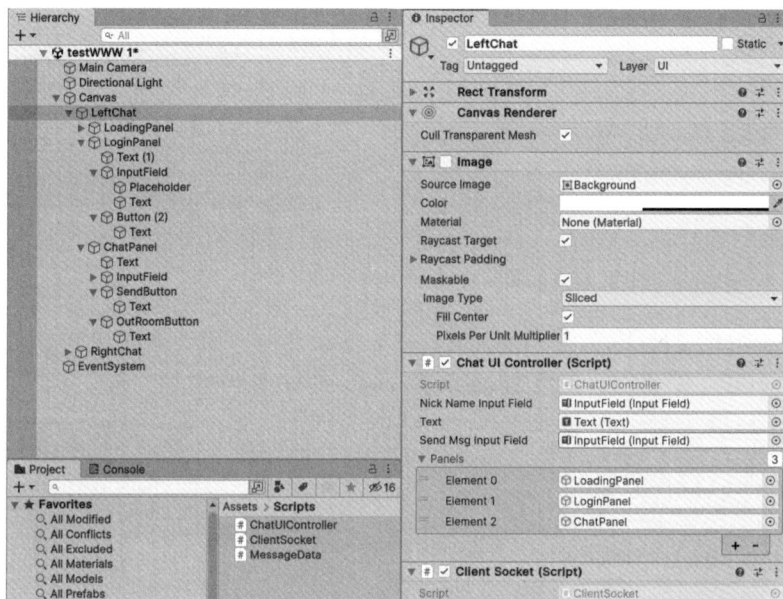

图 8-15　将 UI 组件拖到对应的卡槽中

（4）将 3 个 Panel 拖到面板数组卡槽中，如图 8-16 所示。

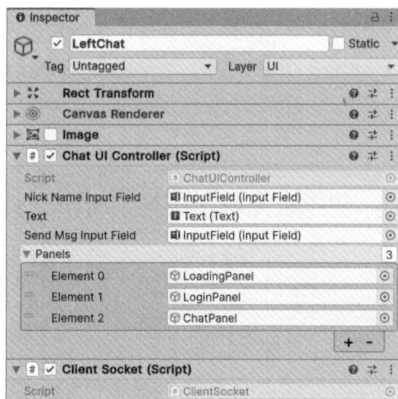

图 8-16　将 3 个 Panel 拖到对应的卡槽中

（5）选择登录房间按钮，添加按钮事件，将 LeftChat 对象拖入卡槽，然后选择 ChatUIController.JoinInBtnClick 函数，如图 8-17 所示。

（6）按照上一步的操作，在 Hierarchy 面板中选择退出房间按钮绑定 LogOutBtnClick 函数，选择发送消息按钮绑定 SendBtnClick 函数，如图 8-18 所示。

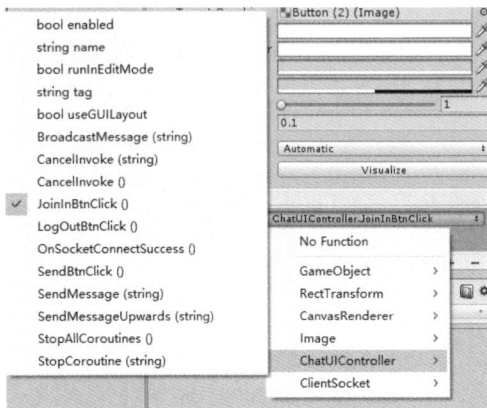

图 8-17　为 Button 绑定单击事件　　　　图 8-18　为 Button 绑定单击事件

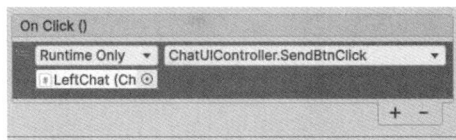

（7）在 Hierarchy 面板中选中 LeftChat 对象，然后复制一份，命名为 RightChat，设置 Left 为 1150、Top 为 180、Right 为 130、Bottom 为 180，如图 8-19 所示。

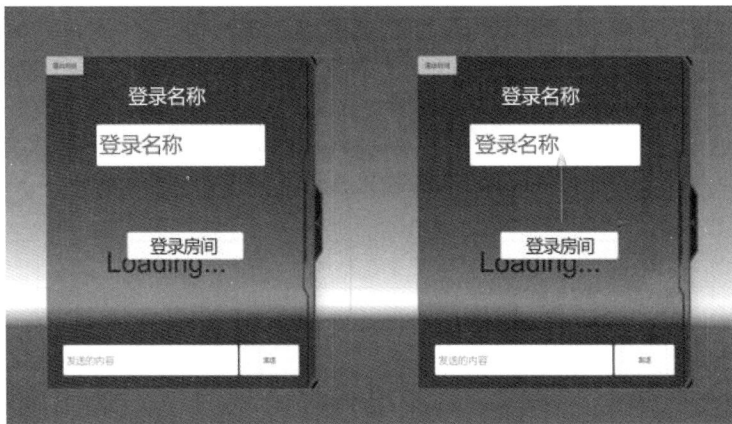

图 8-19　复制一个聊天的客户端

（8）整体 UI 已经制作完成，代码也完成了绑定，客户端搭建完成，下面将进行整体连接测试。

8.3.4　聊天室运行

启动服务器，如图 8-20 所示。

服务器运行成功的画面如图 8-21 所示。

运行 Unity 程序，如图 8-22 所示。

图 8-20　运行服务器程序

图 8-21　服务器运行成功的画面

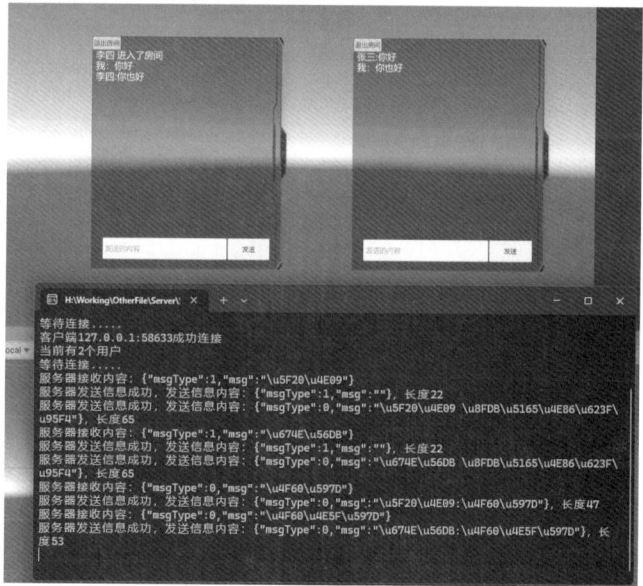

图 8-22　Unity 聊天程序和服务器之间进行数据传递

8.4　总结及习题

8.4.1　本章小结

本章详细介绍了 Socket，以及 Socket 的通信原理。

Socket 是应用层与 TCP/IP 协议族通信的中间软件抽象层，它是一组接口，即将复杂的 TCP/IP 协议族隐藏在 Socket 接口后面，让 Socket 去组织数据，以符合指定的协议。

Socket 编程，就是对网络中不同主机上的应用进程之间进行双向通信的端点的抽象。

Socket 通信，经历了三次握手和四次挥手。三次握手是客户端对服务器端的三次请求，四次挥手是服务器端对客户端的四次释放连接的过程。为什么要三次握手、四次挥手这么麻烦呢？主要是为了解决数据的丢失问题，以及客户端的连接问题。客户端首先向服务器端发送连接请求，服务器端响应并发送消息之后，客户端再向服务器端发送一个确认收到消息的消息，这样才能保证客户端向服务器端发送的消息确实收到。

本章案例使用 C#的控制台程序制作了一个服务器程序，然后使用 Unity 编写客户端程序，最后实现了一个简单的聊天室程序。

本章案例比较简单，协议没有进行优化，只单纯地发送了字符串数据。假如针对复杂的数据，则需要创建完整打包和解包协议数据的机制，必要时还需要对数据进行加密操作。

8.4.2　课后习题

本章实现了一个基于 Socket 编程、TCP/IP 通信协议的聊天室案例，但是没有用户登录与验证功能，而数据的发送与接收中也没有对数据进行加密操作。

请读者思考如何实现用户的登录与验证功能以及数据加密操作？

第 9 章　使用 Unity 实现换装游戏

扫一扫，看视频

换装游戏又称为装扮游戏或时尚游戏，是一类允许玩家为其游戏内的角色选择、搭配和更换服装、饰品以及其他外观元素的游戏类型。其核心玩法有角色定制，玩家可以调整角色的发型、肤色、眼睛等基础特性，并为其选择各种服饰、鞋子、配饰等。

换装游戏因其轻松有趣的玩法和丰富的视觉体验而广受欢迎，尤其受到女性玩家的喜爱。它们可以在各种平台上找到，包括手机、平板电脑、个人电脑以及游戏机。

本章就基于 Unity 引擎开发一款互动换装应用，旨在为用户提供一个高度自由、富有创意的个性化换装体验。通过这款应用，用户不仅可以享受海量服装、配饰的搭配乐趣，还能在 3D 虚拟环境中实时预览自己的设计成果，实现个人风格的完美展现。

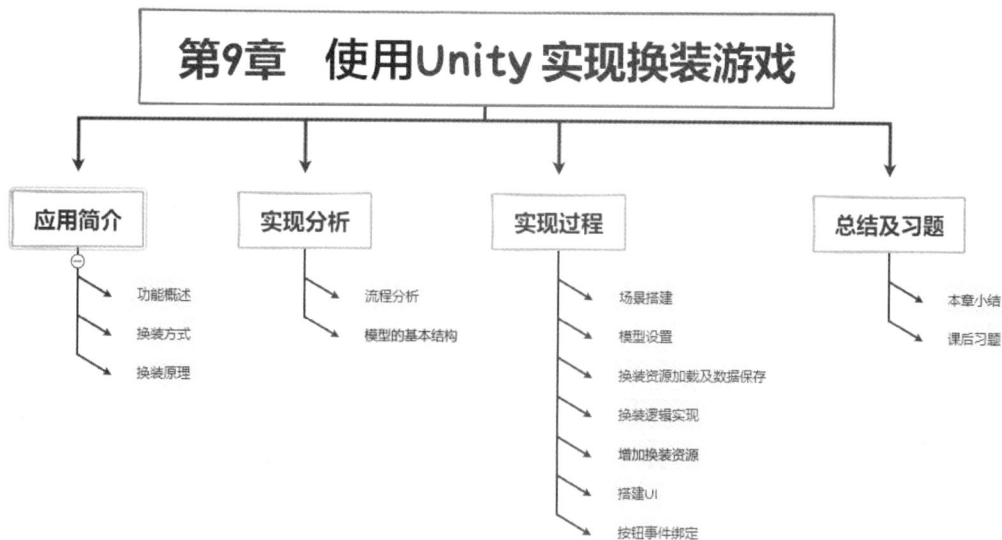

9.1　应 用 简 介

本章实现的换装游戏主要基于更新式换装方式，通过控制骨骼网络以及模型贴图来实现换装功能。

9.1.1　功能概述

在 Unity 中，通过控制骨骼和贴图来实现更新式换装是一种常见且高效的方法。这种方法允许开发者为游戏角色创建多种服装和配饰，并在游戏中实时切换，而无须重新加载整个角色模型。这种换装系统不仅提高了游戏的互动性和可玩性，还大大节省了开发时间和资源。

具体来说，该功能允许玩家在游戏中选择并更换角色的服装、武器、饰品等，而这些更换操作是基于角色的骨骼结构和贴图来实现的。通过控制骨骼，可以确保服装在角色移动或动画播放时能够正确地跟随角色的动作；而通过贴图，则可以实现服装的纹理、颜色等外观特征的变换。

9.1.2　换装方式

Unity 可以实现两种换装游戏方式，分别是增加式换装和更新式换装。

（1）增加式换装：是指角色模型的身体是一个完整的网格，需要更换的部分只是一个可拆卸的部件，因此换装实际上就是在特定的部位增加或者移除一个模型。这类换装通常用在角色的武器更换中。

（2）更新式换装：是指角色拥有一个公共的骨骼网络和针对该模型的若干组贴图。这类换装实际上就是将贴图贴到对应的位置实现角色外观的改变。

9.1.3　换装原理

（1）实例化装备预制：开发者需要将角色的不同服装、武器等装备制作成预制体（Prefab）。这些预制体包含装备的几何形状、材质和骨骼信息。

（2）挂接装备到骨骼节点：在角色的骨骼结构中，通常会有一些特定的节点用于挂接装备。例如，武器的挂接点可能位于角色的手部骨骼上。通过将这些预制体实例化并挂接到相应的骨骼节点上，就可以实现装备的更换。

（3）更新蒙皮网格（SkinnedMesh）渲染器：当装备更换后，需要更新角色的蒙皮网格渲染器以反映新的装备外观。这通常涉及替换渲染器的网格（Mesh）、材质（Material）和骨骼（Bones）数据。

9.2　实　现　分　析

9.2.1　流程分析

本案例以更新式换装方式实现换装，具体实现流程如下：

（1）生成一个默认的模型人物，带有骨骼、网格和材质。

（2）存储所有可供切换的换装资源。

（3）设置 UI 响应事件调用切换不同风格的服装。

（4）根据存储的换装资源名，设置骨骼、网格和材质，实现换装。

9.2.2　模型的基本结构

下面将介绍模型的基本结构，包括骨骼、网格、材质。

（1）骨骼：由刚性的关节（joint）组成的层阶结构。在游戏开发中，"关节"和"骨头（bone）"这两个术语通常会交替使用，实际上它们的含义有所不同。从技术角度来说，关节是动画师直接控制的物体，而骨头只是关节之间的连接部分，骨骼对象在 Hierarchy 视图的层级结构如图 9-1 所示。

（2）网格：在 Unity 中导入模型时会创建网格资源，网格资源 Mesh Inspector 显示有关网格资源的数据存储方式，但不显示具体的数据值。例如，Inspector 会显示每个顶点的 Position 值是以三个 Float32 值的形式存储，但不显示某个顶点的 Position 值，如图 9-2 所示。

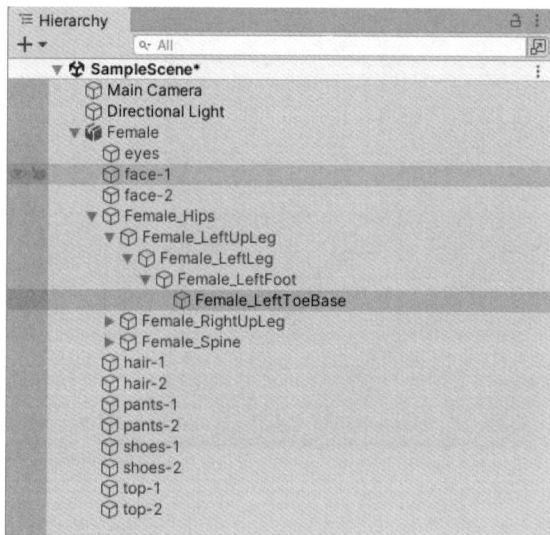

<table><tr><td>图 9-1　骨骼结构图</td><td>图 9-2　网格信息图</td></tr></table>

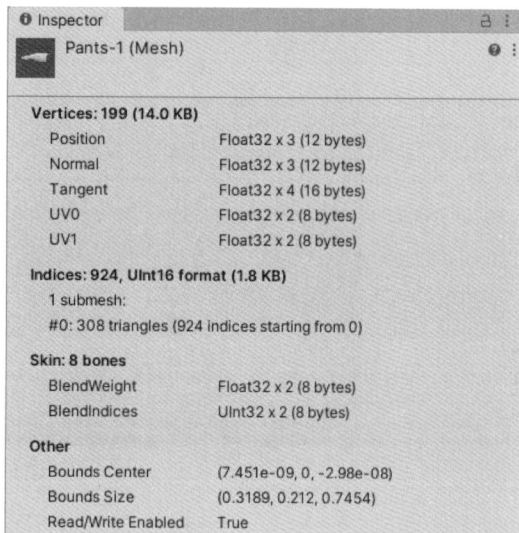

（3）材质：用于把网格或粒子渲染器（Particle Renderers）应用到游戏对象上。在定义对象的显示方式时，材质是重要的组成部分。材质用于呈现网格（mesh）或粒子着色器的外观，因此这些组件在没有材质的情况下无法正确显示，如图 9-3 所示。

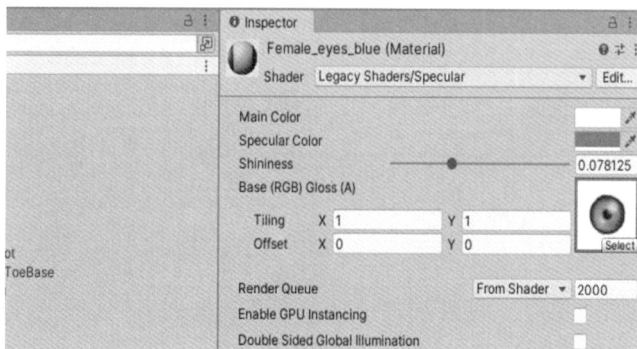

图 9-3　材质球及贴图

了解了骨骼、网格和材质，开发者就掌握了基本的换装知识要求了。下面学习如何实现更新式换装。

9.3　实　现　过　程

9.3.1　场景搭建

（1）首先新建一个 Unity 项目，如图 9-4 所示。

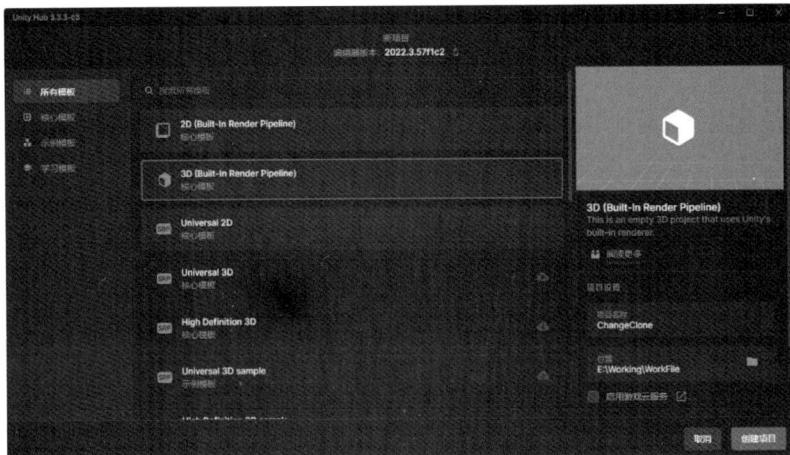

图 9-4　新建项目

然后将"资源包→第 9 章资源文件"文件夹中的 CharacterAvatar.unitypackage 文件导入项目中。

在 Project 视图中，可以看到 Sources 文件夹，这个案例要用的所有资源都在这个文件夹中，如图 9-5 所示。

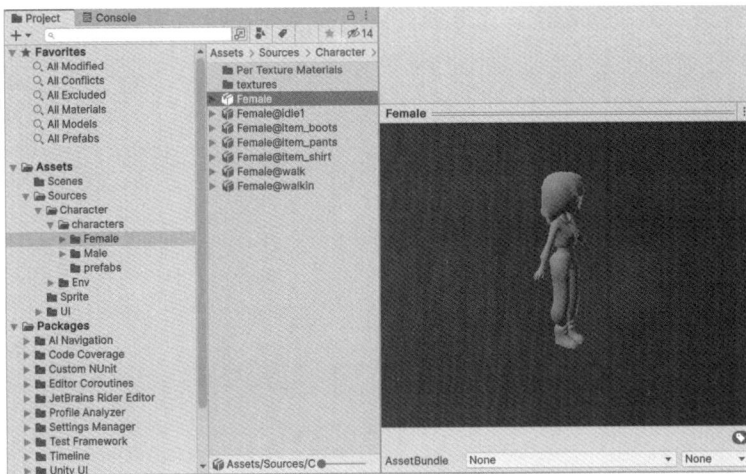

图 9-5　导入后的资源目录

（2）新建一个场景，命名为 Main，保存到 Scenes 文件夹中，如图 9-6 所示。

（3）将资源拖到 Hierarchy 视图中，然后找到 Project 视图中的 Sources→Character→characters→prefabs 文件夹，如图 9-7 所示。

图 9-6　保存场景

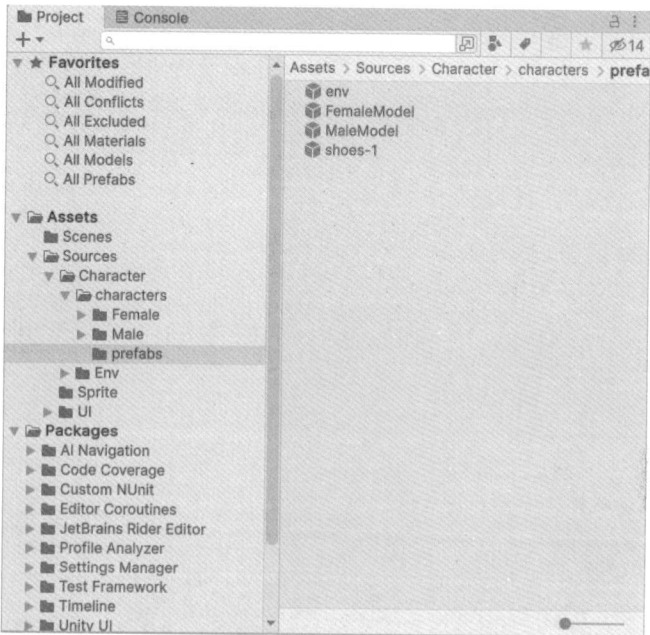

图 9-7　找到预制体

将这个文件夹下的 env 预制体拖入场景中，如图 9-8 所示。

图 9-8　搭建场景

从图 9-8 中可以看到，制作了一个房间，下面就在这个房间中进行换装操作。

9.3.2　模型设置

在 Project 视图中找到 Sources→Character→characters→Female 文件夹，将 Female 模型拖入场景中，如图 9-9 所示。

Female 模型是个白膜（没有材质的模型），接着，为它添加材质球。

（1）在 Hierarchy 视图中，选择 Female 模型的子节点 eyes，在 Inspector 视图的 Skinned Mesh Renderer 组件的 Materials 属性中，可以看到模型的材质球是 Default-Material，如图 9-10 所示。

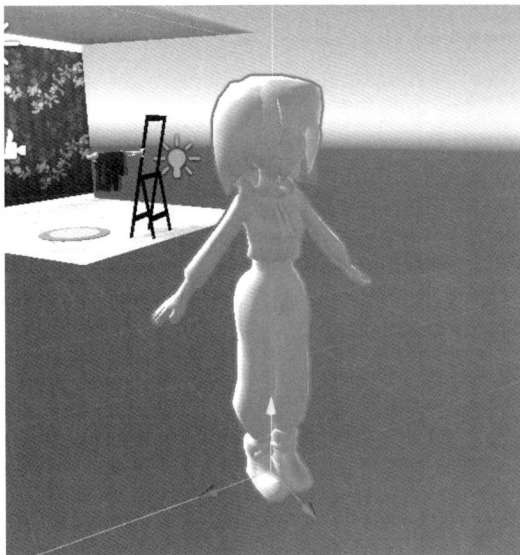

图 9-9　人物模型

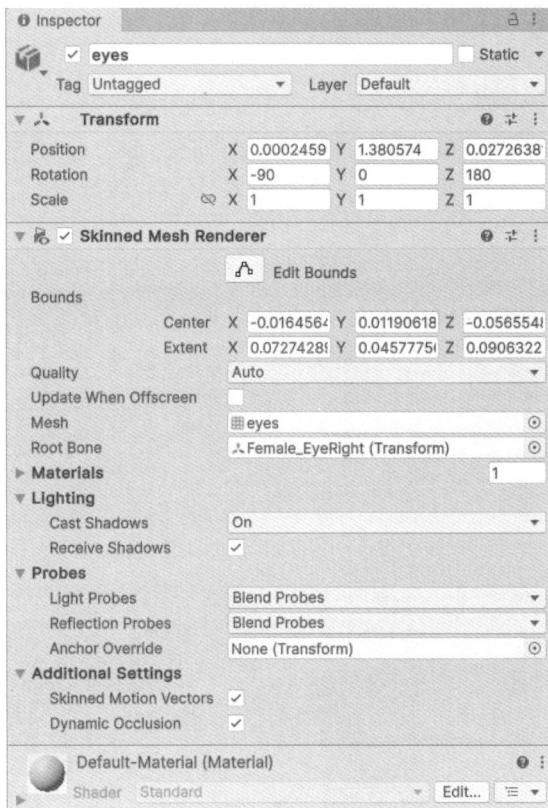

图 9-10　Skinned Mesh Renderer 组件

（2）在 Project 视图中找到 Sources→Character→characters→Female→Per Texture Materials 文件夹，所有的 Female 模型的材质球都在这个文件夹中，如图 9-11 所示。

（3）找到 female_eyes_blue.mat 材质球，将这个材质球拖到 Skinned Mesh Renderer 组件的 Materials 属性中，如图 9-12 所示。

（4）从图 9-12 中可以看到，eyes 有三个材质球，在 Hierarchy 视图中选中 eyes 对象，复制出来两份，分别使用不同的材质球，如图 9-13 所示。

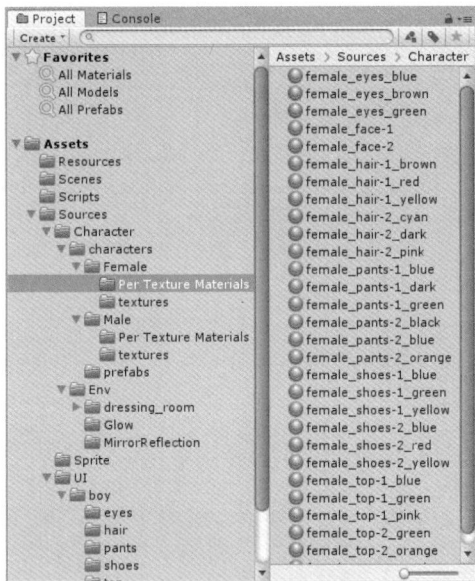

图 9-11　找到存放材质球的文件夹

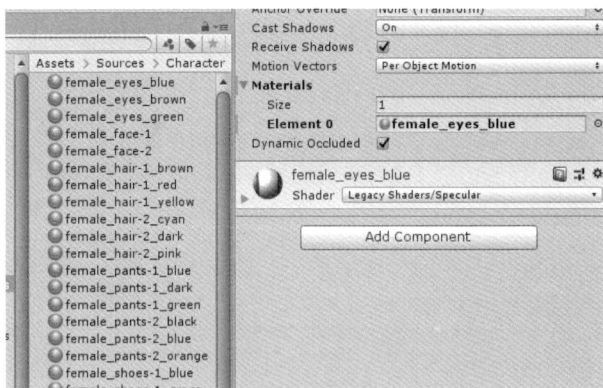

图 9-12　切换材质球

📢 提示：

　　修改模型的层级结构需要先将模型解组，选中模型并右击，在弹出的快捷菜单中选择 Prefab→Unpack 命令，即可解组。

　　（5）依照上面的流程，将所有的模型都设置完成。设置完成后的层级结构如图 9-14 所示。

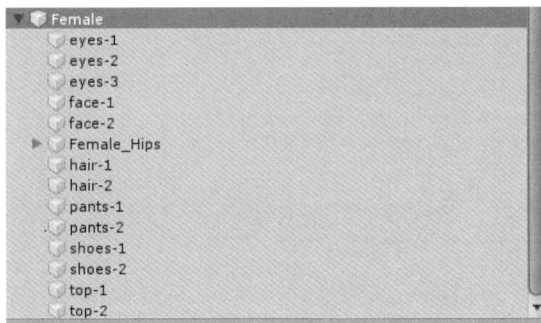

图 9-13　复制对象并赋予不同的材质球

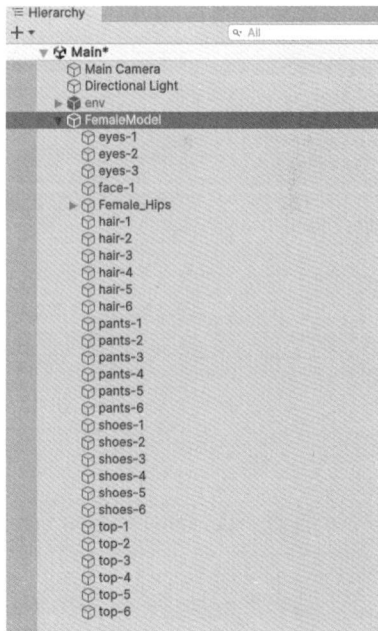

图 9-14　设置完成后的层级结构

（6）将这个模型拖入 Project 视图的 Resources 文件中，命名为 FemaleModel，如图 9-15 所示。

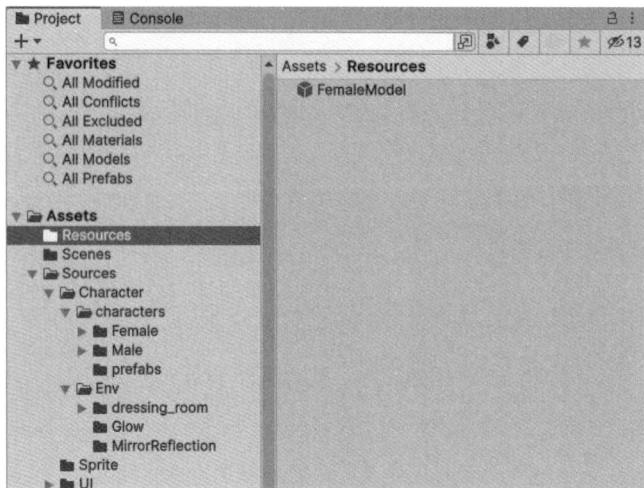

图 9-15　将模型做成预制体 1

提示：

　　如果对这个步骤的操作不太清楚，可以找到 Project 视图中的 Sources→Character→characters→prefabs 文件夹，将制作好的预制体 FemaleModel 拖入 Resources 文件夹中。

（7）将 Hierarchy 视图中的 FemaleModel 模型解组，因为接下来会用代码设置骨骼下面的网格和材质球，所以，删掉除了 Female_Hips 节点之外的所有模型，如图 9-16 所示。

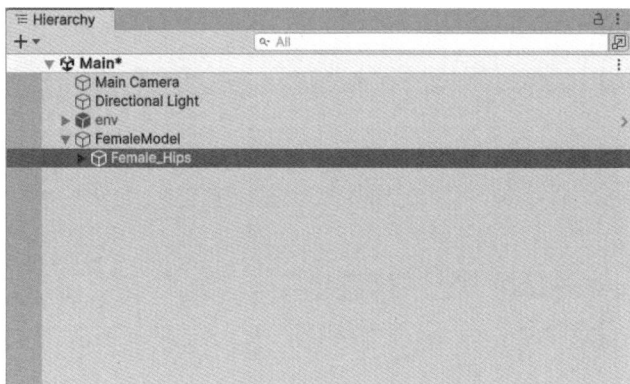

图 9-16　删除节点后的层级结构

（8）将 FemaleModel 改名为 FemaleTarget，拖入 Project 视图的 Resources 文件夹中，如图 9-17 所示。

（9）选中 FemaleTarget 预制体，将 Tag 改为 Player，将动画片段拖入 Animation 组件的属性中，如图 9-18 所示。

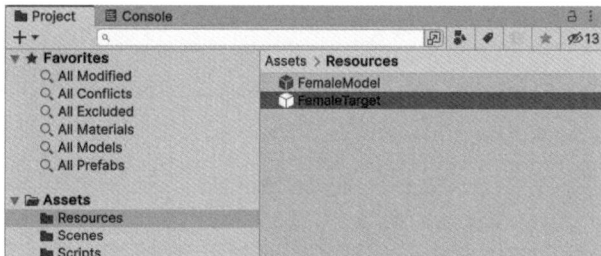

图 9-17　将模型做成预制体 2

图 9-18　拖入动画片段

删除 Hierarchy 视图中的 FemaleTarget，下面将用代码生成它。

9.3.3　换装资源加载及数据保存

在 Project 视图中新建 Scripts 文件夹，在 Scripts 文件夹中新建脚本，命名为 AvatarSys.cs，双击编辑代码，参考代码 9-1。

代码 9-1　**换装资源加载**

```
using System.Collections.Generic;
using UnityEngine;

public class AvatarSys: MonoBehaviour
{
    public static AvatarSys _instance;

    //声明资源model
    private Transform girlSourceTrans;
    //声明换装人物的骨架物体
    private GameObject girlTarget;
    //女孩的所有资源信息：部位的名字、部位编号、部位对应的skm
    private Dictionary<string, Dictionary<string, SkinnedMeshRenderer>> girlData = new
    Dictionary<string, Dictionary<string, SkinnedMeshRenderer>>();
    //女孩的骨骼信息
    Transform[] girlHips;
    //换装骨骼身上的skm信息
    private Dictionary<string, SkinnedMeshRenderer> girlSmr = new Dictionary<string,
    SkinnedMeshRenderer>();

    void Start()
    {
        GirlAvatar();
```

第 9 章　使用 Unity 实现换装游戏

```
    }

    public void GirlAvatar()
    {
        InstantiateGirl();
        SaveData(girlSourceTrans, girlData, girlTarget, girlSmr);
    }

    ///<summary>
    ///初始化女孩的资源及实例化模型
    ///</summary>
    void InstantiateGirl()
    {
        //加载资源物体
        GameObject go = Instantiate(Resources.Load("FemaleModel")) as GameObject;
        girlSourceTrans = go.transform;
        go.SetActive(false);
        girlTarget = Instantiate(Resources.Load("FemaleTarget")) as GameObject;
        girlHips = girlTarget.GetComponentsInChildren<Transform>();
    }

    ///<summary>
    ///保存换装资源的信息
    ///</summary>
    ///<param name="souceTrans"></param>
    ///<param name="data"></param>
    ///<param name="target"></param>
    ///<param name="smr"></param>
    void SaveData(Transform souceTrans, Dictionary<string, Dictionary<string,
    SkinnedMeshRenderer>> data, GameObject target, Dictionary<string, SkinnedMeshRenderer> smr)
    {
        data.Clear();
        smr.Clear();

        if (souceTrans == null)
            return;

        //遍历model资源的所有子物体，找出带有SkinnedMeshRenderer组件的子对象并进行存储
        SkinnedMeshRenderer[] parts = souceTrans.GetComponentsInChildren<SkinnedMeshRenderer>();
        foreach (var part in parts)
        {
            string[] names = part.name.Split('-');
            if (!data.ContainsKey(names[0]))
            { //每次遍历到一个新的部位
                //在骨骼下边生成对应的skm
                GameObject partGo = new GameObject();
                partGo.name = names[0];
                partGo.transform.parent = target.transform;

                //保存骨骼target身上的skm信息，部位只记录一次
                smr.Add(names[0], partGo.AddComponent<SkinnedMeshRenderer>());
                data.Add(names[0], new Dictionary<string, SkinnedMeshRenderer>());
            }
            data[names[0]].Add(names[1], part); //将所有skm信息保存到data中
```

```
            }
        }
    }
```

这样，就可以在开始时将模型和换装资源实例化，并且将换装资源保存后隐藏。

9.3.4 换装逻辑实现

下面继续编辑代码，实现换装逻辑，参考代码 9-2。

代码 9-2 实现换装逻辑

```
using System.Collections.Generic;
using UnityEngine;

public class AvatarSys: MonoBehaviour
{
    public static AvatarSys _instance;

    //资源 model
    private Transform girlSourceTrans;
    //骨架物体，换装的人
    private GameObject girlTarget;
    //女孩的所有资源信息：部位的名字、部位编号、部位对应的 skm
    private Dictionary<string, Dictionary<string, SkinnedMeshRenderer>> girlData = new
    Dictionary<string, Dictionary<string, SkinnedMeshRenderer>>();
    //女孩的骨骼信息
    Transform[] girlHips;
    //换装骨骼身上的 skm 信息
    private Dictionary<string, SkinnedMeshRenderer> girlSmr = new Dictionary<string,
    SkinnedMeshRenderer>();
    //部位的名字，部位对应的 skm
    private string[,] girlStr = new string[,] { { "eyes", "1" }, { "hair", "1" }, { "top",
    "1" }, { "pants", "1" }, { "shoes", "1" }, { "face", "1" } };

    void Start()
    {
        GirlAvatar();
    }

    public void GirlAvatar()
    {
        InstantiateGirl();
        SaveData(girlSourceTrans, girlData, girlTarget, girlSmr);
        InitAvatarGirl();
    }

    ///<summary>
    ///初始化女孩的资源及实例化模型
    ///</summary>
    void InstantiateGirl()
    {
        //加载资源物体
        GameObject go = Instantiate(Resources.Load("FemaleModel")) as GameObject;
        girlSourceTrans = go.transform;
```

```
        go.SetActive(false);
        girlTarget = Instantiate(Resources.Load("FemaleTarget")) as GameObject;
        girlHips = girlTarget.GetComponentsInChildren<Transform>();
    }


    ///<summary>
    ///保存换装资源的信息
    ///</summary>
    ///<param name="souceTrans"></param>
    ///<param name="data"></param>
    ///<param name="target"></param>
    ///<param name="smr"></param>
    void SaveData(Transform souceTrans, Dictionary<string, Dictionary<string,
    SkinnedMeshRenderer>> data, GameObject target, Dictionary<string, SkinnedMeshRenderer> smr)
    {
        data.Clear();
        smr.Clear();

        if (souceTrans == null)
            return;

        //遍历所有子物体 SkinnedMeshRenderer，并进行保存
        SkinnedMeshRenderer[] parts = souceTrans.GetComponentsInChildren<SkinnedMeshRenderer>();
        foreach (var part in parts)
        {
            string[] names = part.name.Split('-');
            if (!data.ContainsKey(names[0]))
            {   //每次遍历到一个新的部位
                //在骨骼下边生成对应的 skm
                GameObject partGo = new GameObject();
                partGo.name = names[0];
                partGo.transform.parent = target.transform;

                //把骨骼 target 身上的 skm 信息保存，部位只记录一次
                smr.Add(names[0], partGo.AddComponent<SkinnedMeshRenderer>());
                data.Add(names[0], new Dictionary<string, SkinnedMeshRenderer>());
            }
            data[names[0]].Add(names[1], part);    //将所有 skm 信息保存到 data 中
        }
    }


    ///<summary>
    ///初始化骨架，让它有网格、材质、骨骼信息
    ///</summary>
    void InitAvatarGirl()
    {
        int length = girlStr.GetLength(0);          //获得行数
        for (int i = 0; i < length; i++)
        {
            //穿上衣服
            ChangeMesh(girlStr[i, 0], girlStr[i, 1], girlData, girlHips, girlSmr, girlStr);
        }
    }
```

```
///<summary>
///传入部位、编号，从 data 中获取对应的 skm
///</summary>
///<param name="part"></param>
///<param name="num"></param>
///<param name="data"></param>
///<param name="hips"></param>
///<param name="smr"></param>
///<param name="str"></param>
void ChangeMesh(string part, string num, Dictionary<string, Dictionary<string,
SkinnedMeshRenderer>> data, Transform[] hips, Dictionary<string, SkinnedMeshRenderer>
smr, string[,] str)
{
    SkinnedMeshRenderer skm = data[part][num];              //要更换的部位
    List<Transform> bones = new List<Transform>();
    foreach (var trans in skm.bones)
    {
        foreach (var bone in hips)
        {
            if (bone.name == trans.name)
            {
                bones.Add(bone);
                break;
            }
        }
    }
    //换装实现
    smr[part].bones = bones.ToArray();                      //绑定骨骼
    smr[part].materials = skm.materials;                    //替换材质
    smr[part].sharedMesh = skm.sharedMesh;                  //更换网格
    SaveData(part, num, str);
}

///<summary>
///更新 girlStr 部位的名字及部位对应的 skm
///</summary>
///<param name="part"></param>
///<param name="num"></param>
///<param name="str"></param>
void SaveData(string part, string num, string[,] str)
{
    //获得行数
    int length = str.GetLength(0);
    for (int i = 0; i < length; i++)
    {
        if (str[i, 0] == part)
        {
            str[i, 1] = num;
        }
    }
}
}
```

在 Hierarchy 视图中新建一个 AvatarSys 对象，将 AvatarSys 脚本添加到这个对象上，运行程序，即可看到 Female 模型被加载出来了，如图 9-19 所示。

图 9-19　模型被加载出来

　　到这里，对于 Female 模型的换装逻辑就基本完成了，接下来就需要搭建 UI，绑定按钮事件，然后换装。

　　在搭建 UI 之前，还需要增加一个男孩的换装资源。

9.3.5　增加换装资源

　　男孩的模型在 Project 视图中的 Sources→Character→characters→Male 文件夹中。

　　男孩模型的材质球在 Project 视图中的 Sources→Character→characters→Male→Per Texture Materials 文件夹中。接着参考 9.3.4 小节的模型设置，将男孩的模型也设置完成并做成预制体放入 Project 视图的 Resources 文件夹中，如图 9-20 所示。

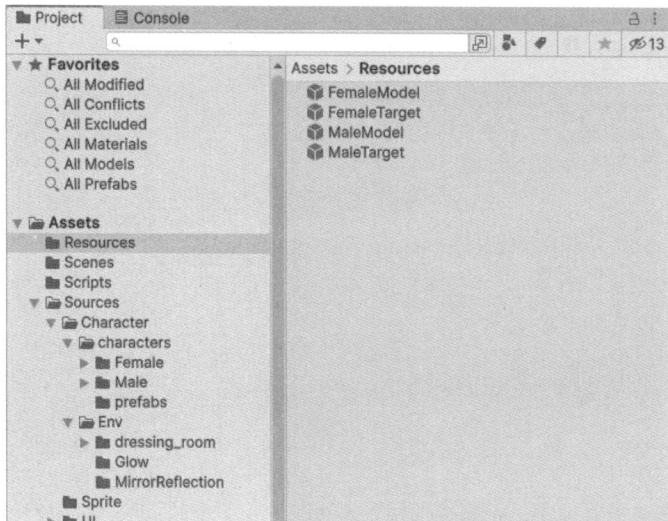

图 9-20　将男孩的模型做成预制体

修改 AvatarSys.cs 脚本代码，加载男孩的换装资源，参考代码 9-3。

代码 9-3　加载男孩的换装资源

```
using System.Collections.Generic;
using UnityEngine;

public class AvatarSys: MonoBehaviour
{
    public static AvatarSys _instance;

    /* 女孩的模型资源 */
    //资源 model
    private Transform girlSourceTrans;
    //骨架物体，换装的人
    private GameObject girlTarget;
    //部位的名字，部位编号，部位对应的 skm
    private Dictionary<string, Dictionary<string, SkinnedMeshRenderer>> girlData = new
    Dictionary<string, Dictionary<string, SkinnedMeshRenderer>>();
    //女孩的骨骼信息
    Transform[] girlHips;
    //换装骨骼身上的 skm 信息
    private Dictionary<string, SkinnedMeshRenderer> girlSmr = new Dictionary<string,
    SkinnedMeshRenderer>();
    //部位的名字，部位对应的 skm
    private string[,] girlStr = new string[,] { { "eyes", "1" }, { "hair", "1" }, { "top",
    "1" }, { "pants", "1" }, { "shoes", "1" }, { "face", "1" } };

    /* 男孩的模型资源 */
    //资源 model
    private Transform boySourceTrans;
    //骨架物体，换装的人
    private GameObject boyTarget;
    //部位的名字，部位编号，部位对应的 skm
    private Dictionary<string, Dictionary<string, SkinnedMeshRenderer>> boyData = new
    Dictionary<string, Dictionary<string, SkinnedMeshRenderer>>();
    //男孩的骨骼信息
    Transform[] boyHips;
    //换装骨骼身上的 skm 信息
    private Dictionary<string, SkinnedMeshRenderer> boySmr = new Dictionary<string,
    SkinnedMeshRenderer>();
    //部位的名字，部位对应的 skm
    private string[,] boyStr = new string[,] { { "eyes", "1" }, { "hair", "1" }, { "top",
    "1" }, { "pants", "1" }, { "shoes", "1" }, { "face", "1" } };

    void Start()
    {
        GirlAvatar();
        BoyAvatar();
    }

    public void GirlAvatar()
    {
        InstantiateGirl();
```

```
        SaveData(girlSourceTrans, girlData, girlTarget, girlSmr);
        InitAvatarGirl();
    }

    public void BoyAvatar()
    {
        InstantiateBoy();
        SaveData(boySourceTrans, boyData, boyTarget, boySmr);
        InitAvatarBoy();
    }

    ///<summary>
    ///初始化女孩资源及实例化模型
    ///</summary>
    void InstantiateGirl()
    {
        //加载资源物体
        GameObject go = Instantiate(Resources.Load("FemaleModel")) as GameObject;
        girlSourceTrans = go.transform;
        go.SetActive(false);
        girlTarget = Instantiate(Resources.Load("FemaleTarget")) as GameObject;
        girlHips = girlTarget.GetComponentsInChildren<Transform>();
    }

    ///<summary>
    ///初始化男孩资源及实例化模型
    ///</summary>
    void InstantiateBoy()
    {
        //加载资源物体
        GameObject go = Instantiate(Resources.Load("MaleModel")) as GameObject;
        boySourceTrans = go.transform;
        go.SetActive(false);
        boyTarget = Instantiate(Resources.Load("MaleTarget")) as GameObject;
        boyHips = boyTarget.GetComponentsInChildren<Transform>();
    }

    ///<summary>
    ///保存换装资源的信息
    ///</summary>
    ///<param name="souceTrans"></param>
    ///<param name="data"></param>
    ///<param name="target"></param>
    ///<param name="smr"></param>
    void SaveData(Transform souceTrans, Dictionary<string, Dictionary<string,
    SkinnedMeshRenderer>> data, GameObject target,    Dictionary<string,
    SkinnedMeshRenderer> smr)
    {
        data.Clear();
        smr.Clear();

        if (souceTrans == null)
            return;
```

```
//遍历所有子物体 SkinnedMeshRenderer，进行保存
SkinnedMeshRenderer[] parts = souceTrans.GetComponentsInChildren<SkinnedMeshRenderer>();
foreach (var part in parts)
{
    string[] names = part.name.Split('-');
    if (!data.ContainsKey(names[0]))
    {   //每次遍历到一个新的部位
        //在骨骼下边生成对应的 skm
        GameObject partGo = new GameObject();
        partGo.name = names[0];
        partGo.transform.parent = target.transform;

        //保存骨骼 target 身上的 skm 信息，部位只记录一次
        smr.Add(names[0], partGo.AddComponent<SkinnedMeshRenderer>());
        data.Add(names[0], new Dictionary<string, SkinnedMeshRenderer>());
    }
    data[names[0]].Add(names[1], part);     //将所有 skm 信息保存到 data 中
}


///<summary>
///初始化骨架，让它有网格、材质、骨骼信息
///</summary>
void InitAvatarGirl()
{
    int length = girlStr.GetLength(0);        //获得行数
    for (int i = 0; i < length; i++)
    {
        //穿上衣服
        ChangeMesh(girlStr[i, 0], girlStr[i, 1], girlData, girlHips, girlSmr, girlStr);
    }
}


///<summary>
///初始化骨架，让它有网格、材质、骨骼信息
///</summary>
void InitAvatarBoy()
{
    int length = girlStr.GetLength(0);        //获得行数
    for (int i = 0; i < length; i++)
    {
        //穿上衣服
        ChangeMesh(boyStr[i, 0], boyStr[i, 1], boyData, boyHips, boySmr, boyStr);
    }
}


///<summary>
///传入部位，编号，从 data 中获取对应的 skm
///</summary>
///<param name="part"></param>
///<param name="num"></param>
///<param name="data"></param>
///<param name="hips"></param>
///<param name="smr"></param>
```

09

```
///<param name="str"></param>
void ChangeMesh(string part, string num, Dictionary<string, Dictionary<string,
SkinnedMeshRenderer>> data, Transform[] hips, Dictionary<string, SkinnedMeshRenderer>
smr, string[,] str)
{
    SkinnedMeshRenderer skm = data[part][num];      //要更换的部位
    List<Transform> bones = new List<Transform>();
    foreach (var trans in skm.bones)
    {
        foreach (var bone in hips)
        {
            if (bone.name == trans.name)
            {
                bones.Add(bone);
                break;
            }
        }
    }
    //实现换装
    smr[part].bones = bones.ToArray();              //绑定骨骼
    smr[part].materials = skm.materials;            //替换材质
    smr[part].sharedMesh = skm.sharedMesh;          //更换网格
    SaveData(part, num, str);
}

///<summary>
///更新 girlStr 部位的名字及部位对应的 skm
///</summary>
///<param name="part"></param>
///<param name="num"></param>
///<param name="str"></param>
void SaveData(string part, string num, string[,] str)
{
    //获得行数
    int length = str.GetLength(0);
    for (int i = 0; i < length; i++)
    {
        if (str[i, 0] == part)
        {
            str[i, 1] = num;
        }
    }
}
```

9.3.6 搭建 UI

下面搭建 UI、绑定按钮事件，然后实现换装。

UI 搭建效果如图 9-21 所示。

这个 UI 的搭建需要分成左右两个部分，左边是 Toggle 的切换，右边是面板，面板中有可以切换服装的按钮。

下面开始搭建 UI。

（1）在 Hierarchy 视图中，右击，在弹出的快捷菜单中选择 UI→Canvas 命令，新建一个 UI，设置 Canvas Scaler 参数，如图 9-22 所示。

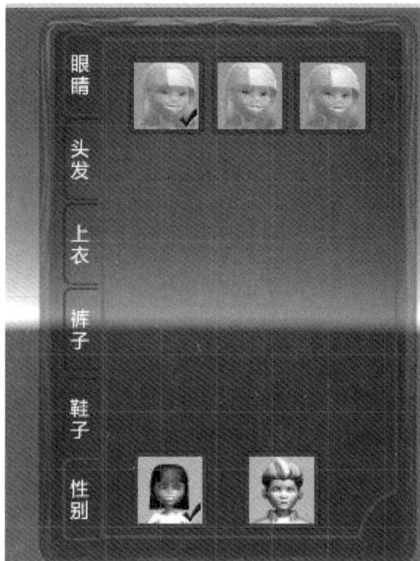

图 9-21　UI 搭建效果

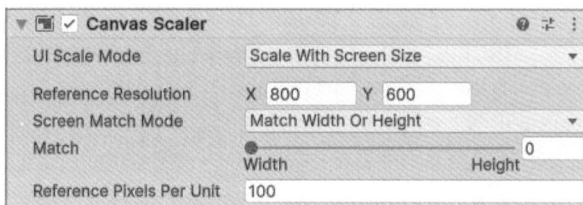

图 9-22　设置 Canvas Scaler 参数

（2）选中 Canvas 对象，新建一个 Image，命名为 BG，并设置属性，如图 9-23 所示。

（3）新建 6 个 Toggle，设置名字和参数，如图 9-24 所示。

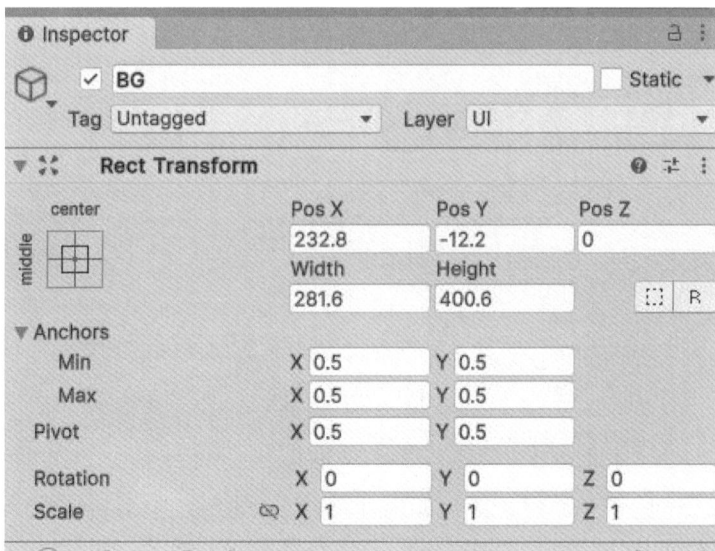

图 9-23　设置位置和大小

图 9-24　新建 6 个 Toggle

（4）新建 6 个面板，每个面板中根据对应的换装数设置不同个数的 Toggle，如图 9-25 所示。

图 9-25 增加对应换装数量的 Toggle

（5）设置完成的 UI 层级如图 9-26 所示。

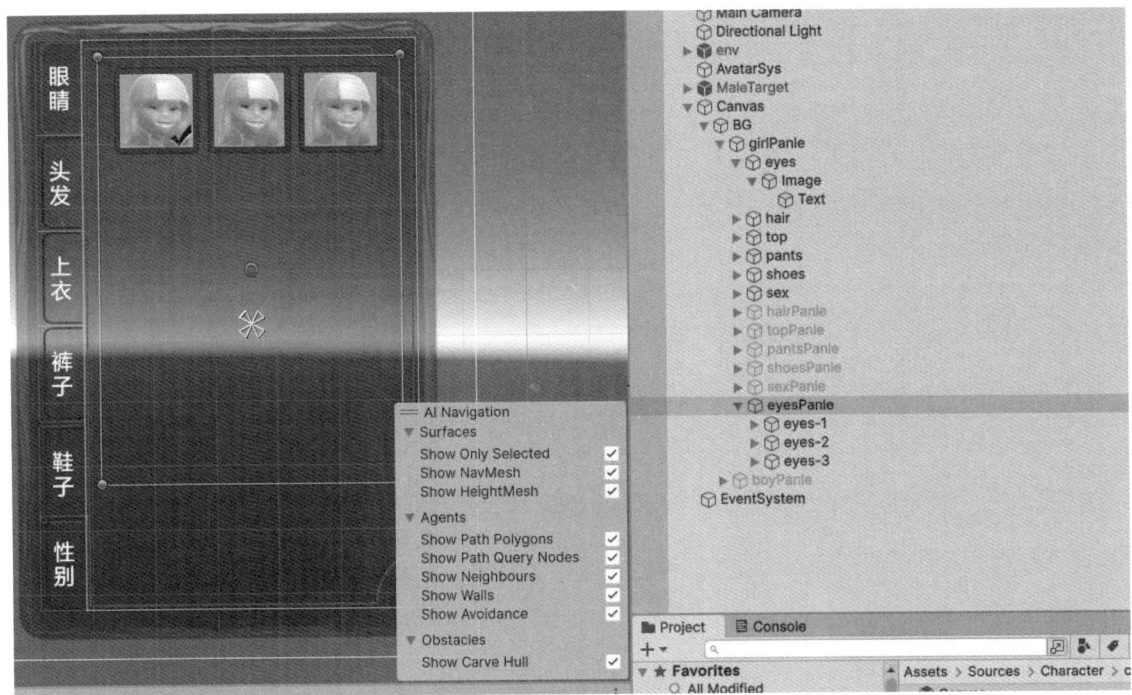

图 9-26 设置完成 UI 层级

（6）用同样的步骤，将男孩的 UI 也搭建完成，如果开发者对 UI 搭建不擅长，可以直接将 Project 视图的 Sources→Character→characters→prefabs 文件夹中的 Canvas 拖入 Hierarchy 视图中，这个是搭建好的 UI，如图 9-27 所示。

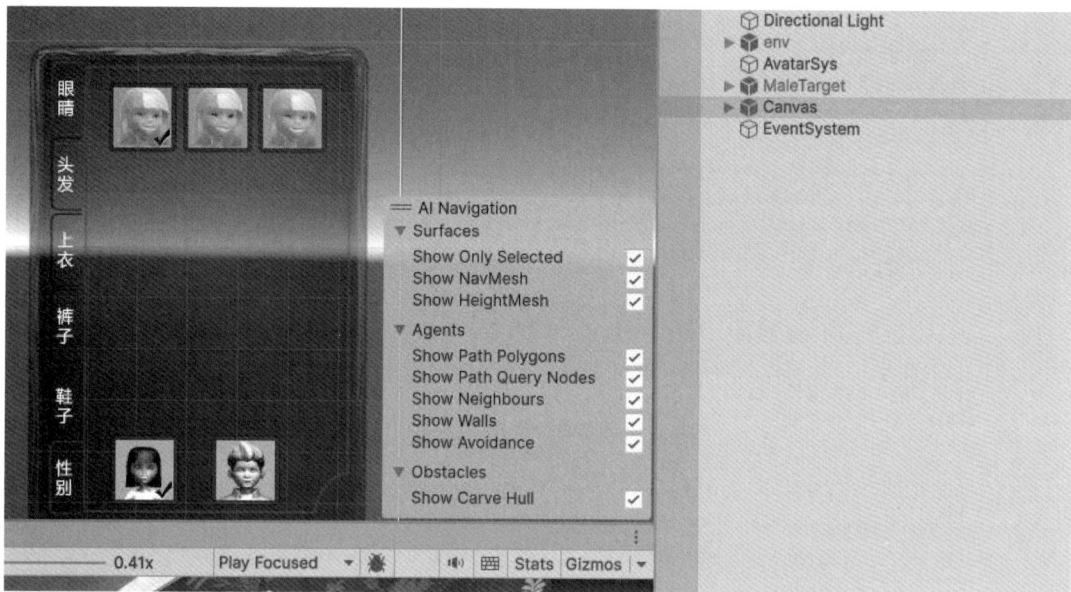

图 9-27　搭建完成的 UI

9.3.7　按钮事件绑定

接下来，就要绑定 UI 事件了。

（1）修改 AvatarSys.cs 脚本，参考代码 9-4。

代码 9-4　修改 AvatarSys.cs 脚本实现按钮事件

```
using System.Collections.Generic;
using UnityEngine;

public class AvatarSys : MonoBehaviour
{
    public static AvatarSys _instance;

    /* 女孩的模型资源 */
    //资源 model
    private Transform girlSourceTrans;
    //骨架物体，换装的人
    private GameObject girlTarget;
    //部位的名字，部位编号，部位对应的 skm
    private Dictionary<string, Dictionary<string, SkinnedMeshRenderer>> girlData = new
    Dictionary<string, Dictionary<string, SkinnedMeshRenderer>>();
    //女孩的骨骼信息
    Transform[] girlHips;
    //换装骨骼身上的 skm 信息
    private Dictionary<string, SkinnedMeshRenderer> girlSmr = new Dictionary<string,
    SkinnedMeshRenderer>();
    //部位的名字，部位对应的 skm
    private string[,] girlStr = new string[,] { { "eyes", "1" }, { "hair", "1" }, { "top",
    "1" }, { "pants", "1" }, { "shoes", "1" }, { "face", "1" } };
```

09

189

```csharp
/* 男孩的模型资源 */
//资源 model
private Transform boySourceTrans;
//骨架物体，换装的人
private GameObject boyTarget;
//部位的名字，部位编号，部位对应的 skm
private Dictionary<string, Dictionary<string, SkinnedMeshRenderer>> boyData = new
Dictionary<string, Dictionary<string, SkinnedMeshRenderer>>();
//男孩的骨骼信息
Transform[] boyHips;
//换装骨骼身上的 skm 信息
private Dictionary<string, SkinnedMeshRenderer> boySmr = new Dictionary<string,
SkinnedMeshRenderer>();
//部位的名字，部位对应的 skm
private string[,] boyStr = new string[,] { { "eyes", "1" }, { "hair", "1" }, { "top",
"1" }, { "pants", "1" }, { "shoes", "1" }, { "face", "1" } };

//男孩、女孩切换
public int nowCount = 0;                    //0 代表女孩，1 代表男孩
public GameObject girlPanel;
public GameObject boyPanel;

void Awake()
{
    _instance = this;
}

void Start()
{
    GirlAvatar();
    BoyAvatar();
    //先隐藏男孩
    boyTarget.SetActive(false);
}

public void GirlAvatar()
{
    InstantiateGirl();
    SaveData(girlSourceTrans, girlData, girlTarget, girlSmr);
    InitAvatarGirl();
}

public void BoyAvatar()
{
    InstantiateBoy();
    SaveData(boySourceTrans, boyData, boyTarget, boySmr);
    InitAvatarBoy();
}

///<summary>
///初始化女孩资源及实例化模型
///</summary>
void InstantiateGirl()
```

09

```
    {
        //加载资源物体
        GameObject go = Instantiate(Resources.Load("FemaleModel")) as GameObject;
        girlSourceTrans = go.transform;
        go.SetActive(false);
        girlTarget = Instantiate(Resources.Load("FemaleTarget")) as GameObject;
        girlHips = girlTarget.GetComponentsInChildren<Transform>();
    }

    ///<summary>
    ///初始化男孩资源及实例化模型
    ///</summary>
    void InstantiateBoy()
    {
        //加载资源物体
        GameObject go = Instantiate(Resources.Load("MaleModel")) as GameObject;
        boySourceTrans = go.transform;
        go.SetActive(false);
        boyTarget = Instantiate(Resources.Load("MaleTarget")) as GameObject;
        boyHips = boyTarget.GetComponentsInChildren<Transform>();
    }

    ///<summary>
    ///保存换装资源的信息
    ///</summary>
    ///<param name="souceTrans"></param>
    ///<param name="data"></param>
    ///<param name="target"></param>
    ///<param name="smr"></param>
    void SaveData(Transform souceTrans, Dictionary<string, Dictionary<string,
    SkinnedMeshRenderer>> data, GameObject target, Dictionary<string, SkinnedMeshRenderer>
    smr)
    {
        data.Clear();
        smr.Clear();

        if (souceTrans == null)
            return;

        // 遍历所有子物体 SkinnedMeshRenderer，进行保存
        SkinnedMeshRenderer[] parts = souceTrans.GetComponentsInChildren< SkinnedMeshRenderer>();
        foreach (var part in parts)
        {
            string[] names = part.name.Split('-');
            if (!data.ContainsKey(names[0]))
            {   //每次遍历到一个新的部位
                //在骨骼下边生成对应的 skm
                GameObject partGo = new GameObject();
                partGo.name = names[0];
                partGo.transform.parent = target.transform;

                //保存骨骼 target 身上的 skm 信息，部位只记录一次
                smr.Add(names[0], partGo.AddComponent<SkinnedMeshRenderer>());
                data.Add(names[0], new Dictionary<string, SkinnedMeshRenderer>());
```

```
        }
        data[names[0]].Add(names[1], part);  //将所有的skm信息保存到data中
    }
}

///<summary>
///初始化骨架，让它有网格、材质、骨骼信息
///</summary>
void InitAvatarGirl()
{
    int length = girlStr.GetLength(0);//获得行数
    for (int i = 0; i < length; i++)
    {
        //穿上衣服
        ChangeMesh(girlStr[i, 0], girlStr[i, 1], girlData, girlHips, girlSmr, girlStr);
    }
}

///<summary>
///初始化骨架，让它有网格、材质、骨骼信息
///</summary>
void InitAvatarBoy()
{
    int length = girlStr.GetLength(0);//获得行数
    for (int i = 0; i < length; i++)
    {
        //穿上衣服
        ChangeMesh(boyStr[i, 0], boyStr[i, 1], boyData, boyHips, boySmr, boyStr);
    }
}

///<summary>
///传入部位、编号，从data中获取对应的skm
///</summary>
///<param name="part"></param>
///<param name="num"></param>
///<param name="data"></param>
///<param name="hips"></param>
///<param name="smr"></param>
///<param name="str"></param>
void ChangeMesh(string part, string num, Dictionary<string, Dictionary<string,
SkinnedMeshRenderer>> data,    Transform[] hips, Dictionary<string,
SkinnedMeshRenderer> smr, string[,] str)
{
    SkinnedMeshRenderer skm = data[part][num];           //要更换的部位
    List<Transform> bones = new List<Transform>();
    foreach (var trans in skm.bones)
    {
        foreach (var bone in hips)
        {
            if (bone.name == trans.name)
            {
                bones.Add(bone);
                break;
        }
```

```
            }
        }
    }
    //实现换装
    smr[part].bones = bones.ToArray();              //绑定骨骼
    smr[part].materials = skm.materials;            //替换材质
    smr[part].sharedMesh = skm.sharedMesh;          //更换网格
    SaveData(part, num, str);
}


///<summary>
///更新 girlStr 部位的名字及部位对应的 skm
///</summary>
///<param name="part"></param>
///<param name="num"></param>
///<param name="str"></param>
void SaveData(string part, string num, string[,] str)
{
    //获得行数
    int length = str.GetLength(0);
    for (int i = 0; i < length; i++)
    {
        if (str[i, 0] == part)
        {
            str[i, 1] = num;
        }
    }
}


///<summary>
///性别转换，人物隐藏，面板隐藏
///</summary>
public void SexChange()
{
    if (nowCount == 0)
    {
        nowCount = 1;
        boyTarget.SetActive(true);
        girlTarget.SetActive(false);
        boyPanel.SetActive(true);
        girlPanel.SetActive(false);
    }
    else
    {
        nowCount = 0;
        boyTarget.SetActive(false);
        girlTarget.SetActive(true);
        boyPanel.SetActive(false);
        girlPanel.SetActive(true);
    }
}

///<summary>
///按钮事件响应
```

```
///</summary>
///<param name="part"></param>
///<param name="num"></param>
public void OnChangePeople(string part, string num)
{
    if (nowCount == 0)
    {
        ChangeMesh(part, num, girlData, girlHips, girlSmr, girlStr);
    }
    else
    {
        ChangeMesh(part, num, boyData, boyHips, boySmr, boyStr);
    }
}
}
```

（2）新建脚本，命名为 AvatarButton.cs，双击打开脚本，编辑代码，参考代码 9-5。

代码 9-5 实现按钮事件绑定

```
using System.Collections;
using System.Collections.Generic;
using UnityEngine;
using UnityEngine.UI;

public class AvatarButton: MonoBehaviour
{
    private void Start()
    {
        Toggle isTog = gameObject.GetComponent<Toggle>();
        isTog.onValueChanged.AddListener(OnValueChanged);
    }
    public void OnValueChanged(bool isOn)
    {
        if (isOn)
        {
            if (gameObject.name == "boy" || gameObject.name == "girl")
            {
                AvatarSys._instance.SexChange();
                return;
            }
            string[] names = gameObject.name.Split('-');
            AvatarSys._instance.OnChangePeople(names[0], names[1]);
            switch (names[0])
            {
                case "pants":
                    PlayAnimation("item_pants");
                    break;
                case "shoes":
                    PlayAnimation("item_boots");
                    break;
                case "top":
                    PlayAnimation("item_shirt");
```

```
            break;
        default:
            break;
        }
    }


    }
    public void PlayAnimation(string animName)
    { //换装动画名称

        Animation anim = GameObject.FindWithTag("Player").GetComponent<Animation>();
        if (!anim.IsPlaying(animName))
        {
            anim.Play(animName);
            anim.PlayQueued("idle1");
        }
    }
}
```

（3）左边的 Toggle 按钮用来切换各自的面板，设置如图 9-28 所示。

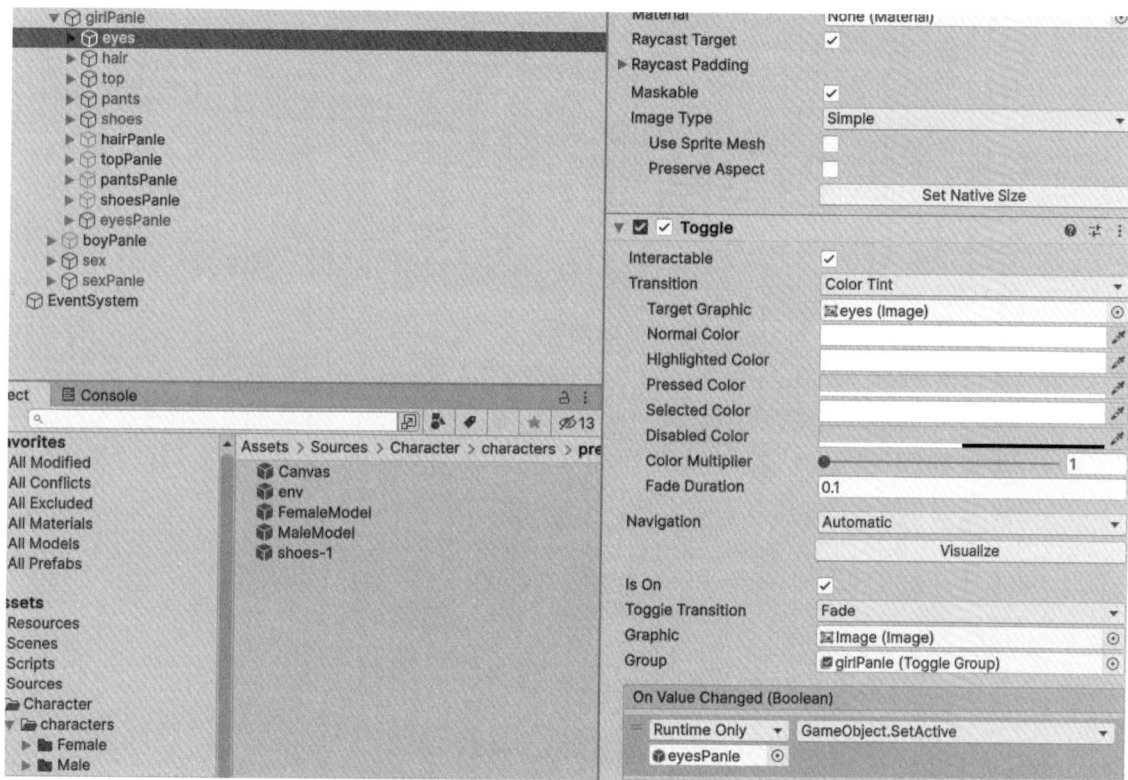

图 9-28　设置 Toggle 切换事件

（4）给面板中的按钮增加 AvatarButton 脚本组件，如图 9-29 所示。

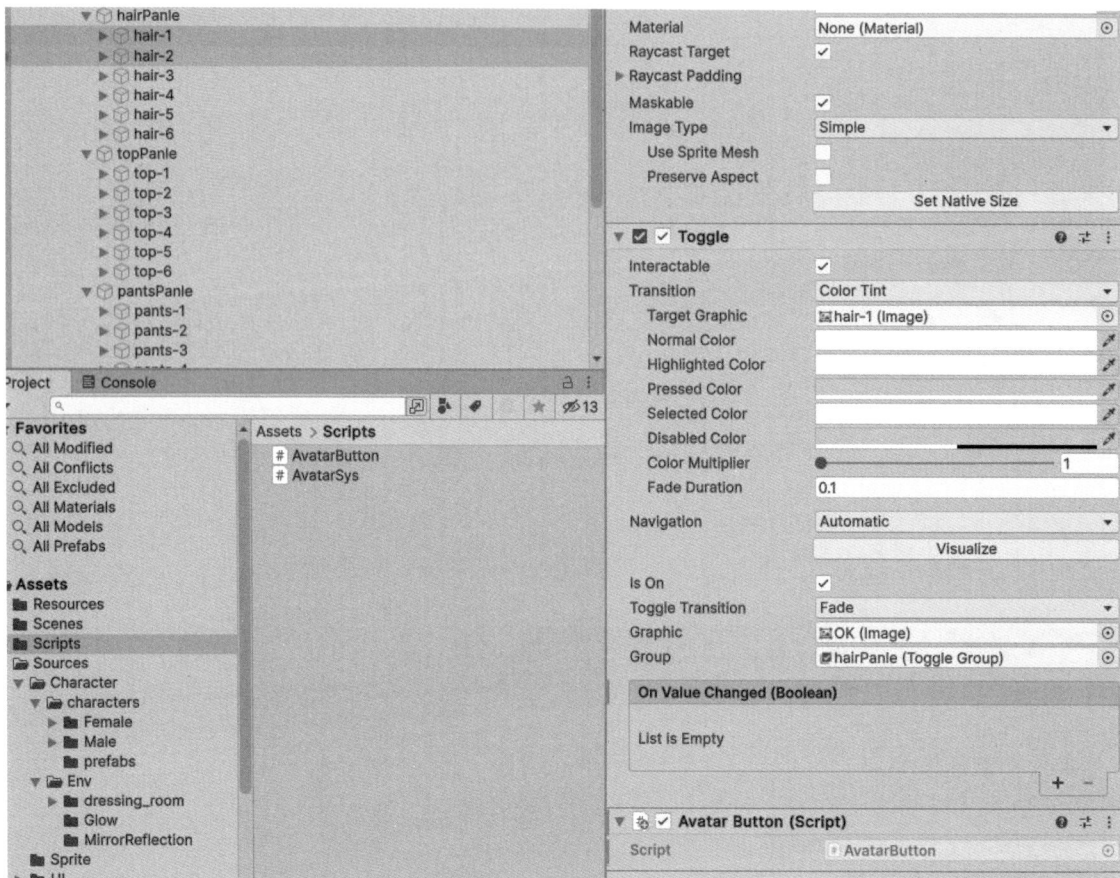

图 9-29 增加按钮事件

其他按钮也全部添加 AvatarButton 脚本组件。

（5）在 Hierarchy 视图中选中 AvatarSys 对象，将 girlPanle 和 boyPanle 分别拖入对应的卡槽中，如图 9-30 所示。

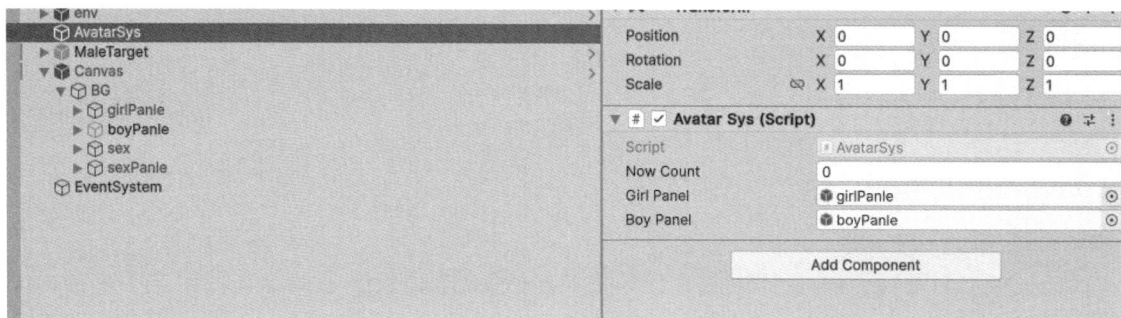

图 9-30 将各个对象分别拖入对应的卡槽中

运行程序，单击按钮，即可查看换装游戏的效果。

9.4 总结及习题

9.4.1 本章小结

本章通过更新式换装方式实现了一个换装案例。

在 Unity 中，通过控制骨骼和贴图来实现更新式换装是一种高效且灵活的方法。它不仅能提高游戏的互动性和可玩性，还能通过优化渲染效率增强游戏的性能。

通过本章的学习，读者不仅可以制作一款属于自己的换装游戏，还能通过案例深入理解骨骼、网格渲染器和材质之间的联系，并掌握蒙皮网格的应用。蒙皮网格能够根据骨骼的动画数据实时变形，而蒙皮网格渲染器则通过与骨骼数据的关联，实现角色在动画播放时的动态变形效果。

9.4.2 课后习题

本章介绍的换装案例，相比其他的案例，无论从 UI 搭建上还是代码实现上，都有了更深层次的提升。通过本章的案例，读者编写代码的水平和制作游戏的水平也会有一个比较大的提升。

下面自己动手试试实现增加式换装游戏。

第 10 章　使用 Unity 实现 3D 照片墙

照片墙是一种将大小不一、错落有致的照片或相框挂在墙面上的装饰方式，用于展示个人风采、生活足迹或美好回忆，是一种利用墙面空间展示照片的艺术形式。

3D 照片墙则是指利用三维技术（如 3D 建模、VR 或 AR）将照片以三维形式展示在墙面或其他立体结构上的一种展示方式。与传统的照片墙相比，3D 照片墙通过将照片从平面转化为立体，不仅增强了照片的立体感，还通过不同角度的观察方式提高了交互性。

3D 照片墙是一种创新且富有吸引力的展示方式，它通过三维技术将照片以更加生动、立体和互动的形式呈现给观众，为家庭装饰、商业展示、艺术展览等领域带来了全新的展示体验。

Unity 作为一款强大的跨平台游戏开发引擎，广泛应用于游戏开发、VR、AR 等领域。其丰富的资源库和强大的渲染能力，使得开发者能够轻松创建高质量的视觉效果。利用 Unity 的这些特性，可以实现一个具有动态交互效果的 3D 照片墙。

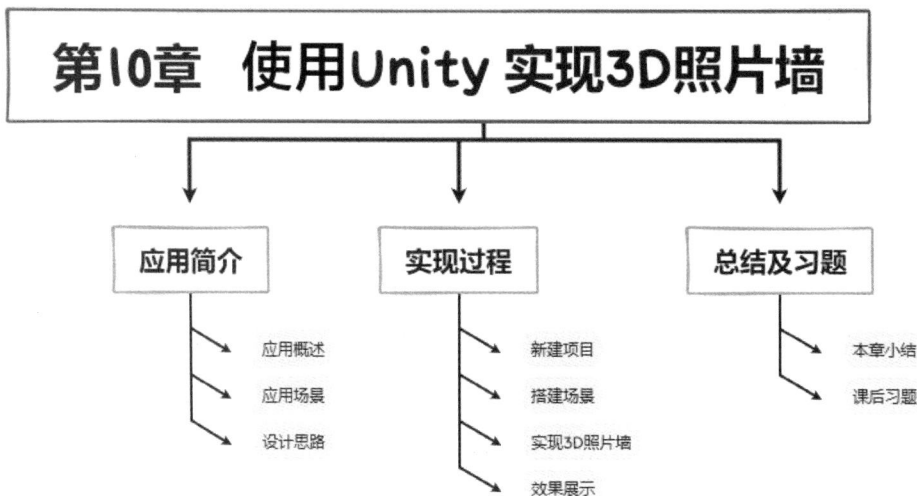

10.1　应 用 简 介

本节将介绍基于 Unity 实现 3D 照片墙的应用概述、应用场景以及设计思路。

10.1.1　应用概述

利用 Unity 实现一个具有动态交互效果的 3D 照片墙。

10.1.2 应用场景

- 个人照片墙：用于展示个人旅行、生活照片，打造个性化的数字相册。
- 艺术作品展示：艺术家可以利用此技术展示自己的绘画、摄影作品，以增强作品的展示效果。
- 产品展示：商家可以利用照片墙展示产品图片，提升产品的视觉吸引力。
- 广告展示：广告公司可以利用此技术创建动态广告墙，增强广告的互动性和视觉效果。

10.1.3 设计思路

使用 Unity 的 UI 系统创建 Image 组件，将 UI 的渲染模式改成 3D。通过调整物体的位置和深度，可以将这些 Image 组件以 3D 效果排列在界面上。

因为照片是 3D 的，用户可以通过滑动操作来浏览它们，所以考虑使用 DOTween 插件实现动画平滑移动。

这样，用户可根据自己的喜好自定义照片墙效果。

10.2 实 现 过 程

接下来，一起来实现吧！

10.2.1 新建项目

（1）打开 Unity Hub，单击"新项目"按钮，再选择 Unity 2022.3.57f1c2 版本，命名为 3DImage，如图 10-1 所示。

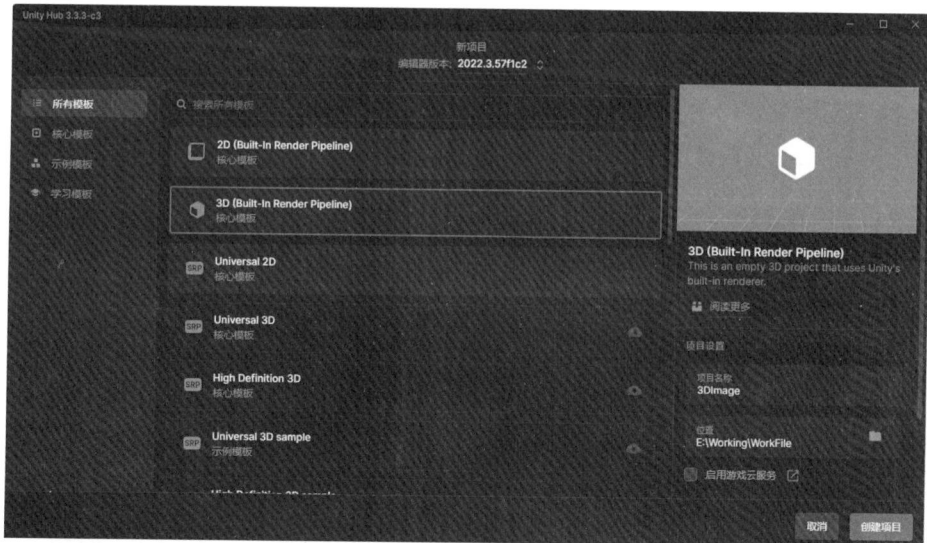

图 10-1 新建项目

（2）将"资源包→第 10 章资源文件"文件夹中的 3DImage.unitypackage 文件导入项目中。导入资源后的项目结构如图 10-2 所示。

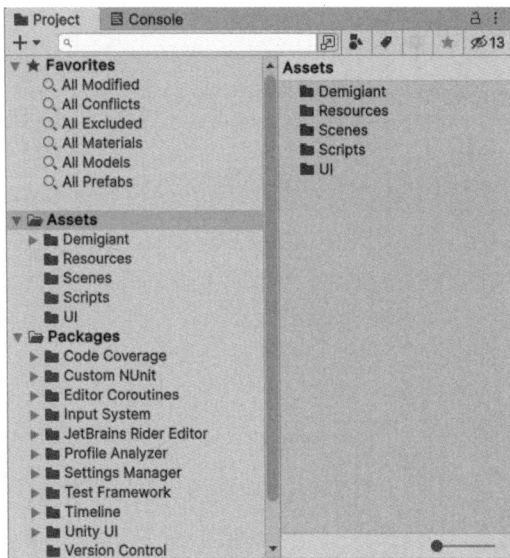

图 10-2　导入资源后的项目结构

10.2.2　搭建场景

（1）在 Hierarchy 视图中单击左上角的"+"按钮，在弹出的下拉菜单中选择 UI→Canvas 命令，新建一个 Canvas 对象，如图 10-3 所示。

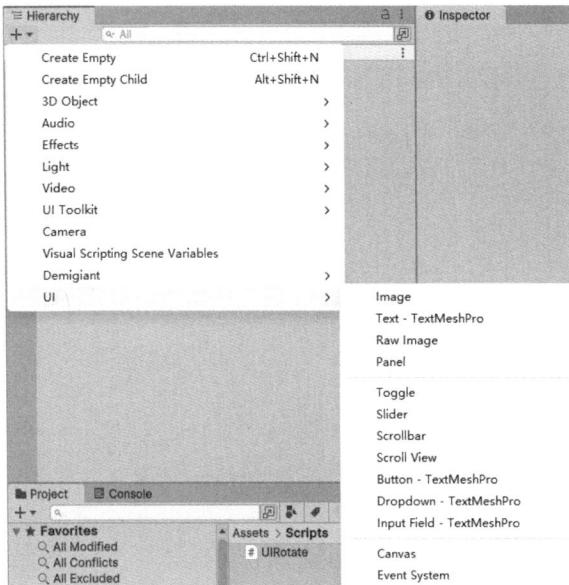

图 10-3　新建一个 Canvas 对象

（2）选中 Canvas 对象，在 Inspector 视图中设置 Canvas 对象的参数，将 Render Mode 设置为 World Space，如图 10-4 所示。

（3）设置 Canvas 对象的坐标为（0,0,0），如图 10-5 所示。

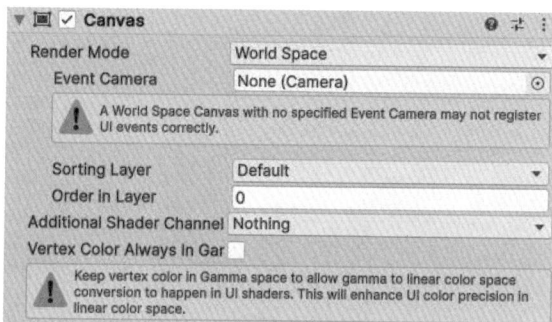

图 10-4　设置 Canvas 对象的参数

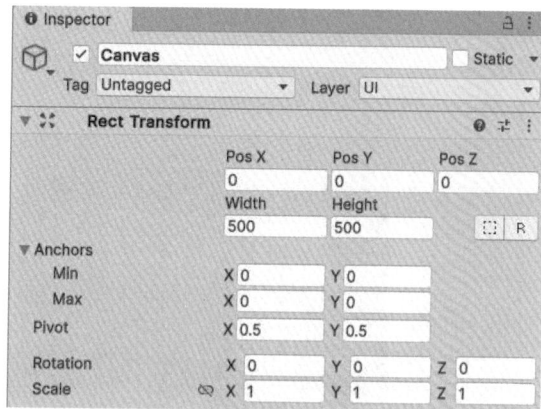

图 10-5　设置 Canvas 对象的坐标

（4）在 Hierarchy 视图中选中 Canvas 对象，新建一个 Image，设置位置和大小，如图 10-6 所示。

（5）在 Hierarchy 视图中选中 Image，使用快捷键 Ctrl+D 复制 10 个 Image，如图 10-7 所示。

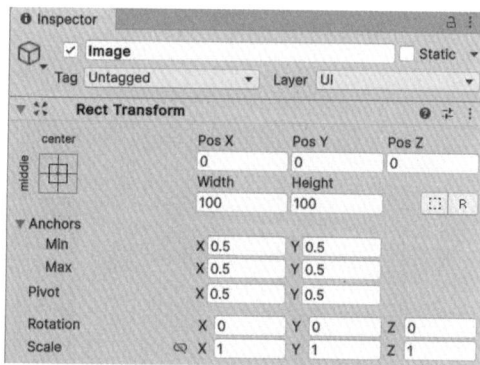

图 10-6　新建一个 Image 并设置位置和大小

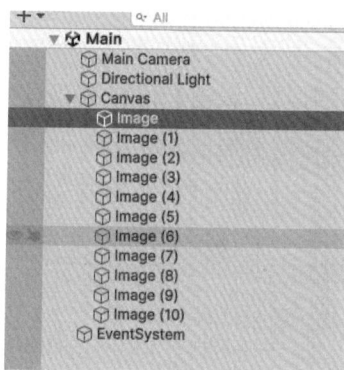

图 10-7　复制 10 个 Image

（6）在 Hierarchy 视图中选中 Main Camera，在 Inspector 视图中设置 Main Camera 的属性，如图 10-8 所示。

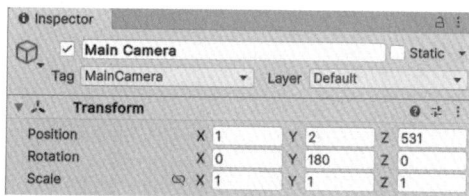

图 10-8　设置 Main Camera 的属性

设置完成后的 Game 视图如图 10-9 所示。

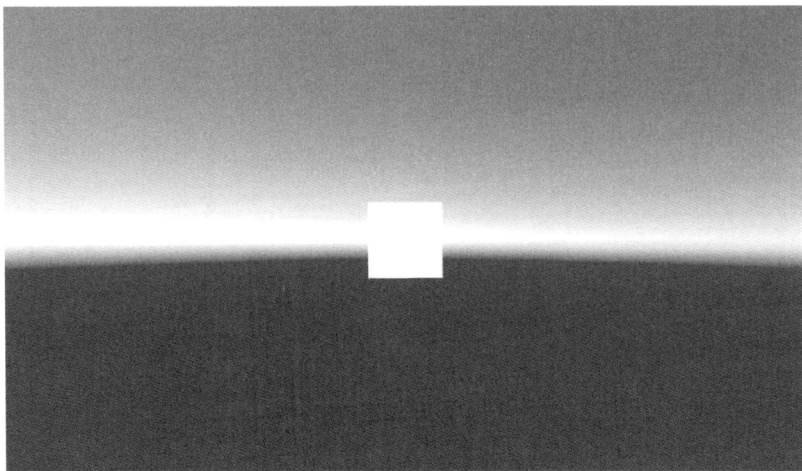

图 10-9　设置完成后的 Game 视图

接下来，将 Image 设置在屏幕中间位置。

10.2.3　实现 3D 照片墙

在 Project 视图中，右击，在弹出的快捷菜单中选择 Create→MonoBehaviour Script 命令，新建脚本，命名为 UIRotate，双击打开脚本，编辑代码，参考代码 10-1。

代码 10-1　设置 Image 的位置

```
using DG.Tweening;
using UnityEngine;
using UnityEngine.EventSystems;

public class UIRotate: MonoBehaviour
{
    private int halfSize;
    private GameObject[] gameObjects;
    ///<summary>
    ///圆半径
    ///</summary>
    private int r = 300;
    ///<summary>
    ///相间角度
    ///</summary>
    private int angle;

    private void Start()
    {
        //初始化数组
        var childCount = transform.childCount;
        //计算出中点
        halfSize = (childCount - 1) / 2;
```

```csharp
        //计算出圆内角度
        angle = 360 / childCount;
        //初始一个对象数组
        gameObjects = new GameObject[childCount];
        for (var i = 0; i < childCount; i++)
        {
            gameObjects[i] = transform.GetChild(i).gameObject;
            SetPosition(i);
            SetDeepin(i);
        }
    }

    ///<summary>
    ///设置物体位置
    ///</summary>
    private void SetPosition(int index)
    {
        float x = 0;
        float z = 0;
        if (index < halfSize)
        {
            int id = halfSize - index;
            x = r * Mathf.Sin(angle * id);
            z = -r * Mathf.Cos(angle * id);
        }
        else if (index > halfSize)
        {
            int id = index - halfSize;
            x = -r * Mathf.Sin(angle * id);
            z = -r * Mathf.Cos(angle * id);
        }
        else
        {
            x = 0;
            z = -r;
        }
        Tweener tweener = gameObjects[index].GetComponent<RectTransform>().DOLocalMove
        (new Vector3(x, 0, z), 1);
    }

    private void SetDeepin(int index)
    {
        //计算图片深度（z 轴的距离），即与摄像机的距离
        int deepin = 0;
        if (index < halfSize)
        {
            deepin = index;
        }
        else if (index > halfSize)
        {
            deepin = gameObjects.Length - (1 + index);
        }
        else
        {
```

```
            deepin = halfSize;
        }
        gameObjects[index].GetComponent<RectTransform>().SetSiblingIndex(deepin);
    }
}
```

将 UIRotate.cs 脚本附到 Canvas 对象上，运行程序，运行结果如图 10-10 所示。

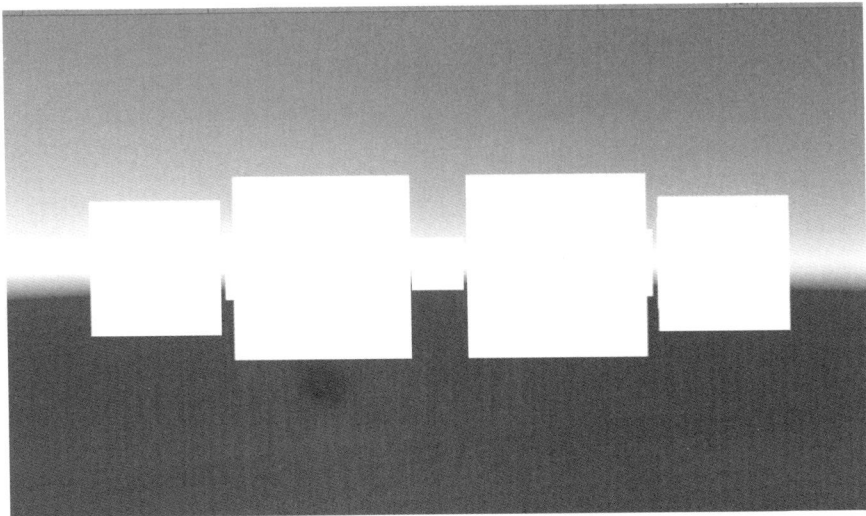

图 10-10　运行结果

接下来，添加交互代码，实现左右拖动图片，继续修改 UIRotate.cs 代码，参考代码 10-2。

代码 10-2　实现图片的左右拖动

```csharp
using DG.Tweening;
using UnityEngine;
using UnityEngine.EventSystems;

public class UIRotate: MonoBehaviour
{
    private int halfSize;
    private GameObject[] gameObjects;
    ///<summary>
    ///圆半径
    ///</summary>
    private int r = 300;
    ///<summary>
    ///相间角度
    ///</summary>
    private int angle;

    private void Start()
    {
        //初始化数组
        var childCount = transform.childCount;
        //计算出中点
```

```
        halfSize = (childCount - 1) / 2;
        //计算出圆内角度
        angle = 360 / childCount;
        //初始一个对象数组
        gameObjects = new GameObject[childCount];
        for (var i = 0; i < childCount; i++)
        {
            gameObjects[i] = transform.GetChild(i).gameObject;
            SetPosition(i);
            SetDeepin(i);
        }
    }

    ///<summary>
    ///设置物体位置
    ///</summary>
    private void SetPosition(int index)
    {
        float x = 0;
        float z = 0;
        if (index < halfSize)
        {
            int id = halfSize - index;
            x = r * Mathf.Sin(angle * id);
            z = -r * Mathf.Cos(angle * id);
        }
        else if (index > halfSize)
        {
            int id = index - halfSize;
            x = -r * Mathf.Sin(angle * id);
            z = -r * Mathf.Cos(angle * id);
        }
        else
        {
            x = 0;
            z = -r;
        }
        Tweener tweener = gameObjects[index].GetComponent<RectTransform>().DOLocalMove
        (new Vector3(x, 0, z), 1);
    }

    private void SetDeepin(int index)
    {
        //计算图片深度（z轴的距离），即与摄像机的距离
        int deepin = 0;
        if (index < halfSize)
        {
            deepin = index;
        }
        else if (index > halfSize)
        {
            deepin = gameObjects.Length - (1 + index);
        }
        else
```

```
        {
            deepin = halfSize;
        }
        gameObjects[index].GetComponent<RectTransform>().SetSiblingIndex(deepin);
    }

    ///<summary>
    ///向左滑动
    ///</summary>
    public void OnLeftDrag()
    {
        var length = gameObjects.Length;
        for (var i = 0; i < length; i++)
        {
            var temp = gameObjects[i];
            gameObjects[i] = gameObjects[length - 1];
            gameObjects[length - 1] = temp;
        }
        for (var i = 0; i < length; i++)
        {
            SetPosition(i);
            SetDeepin(i);
        }
    }

    ///<summary>
    ///向右滑动
    ///</summary>
    public void OnRightDrag()
    {
        var length = gameObjects.Length;
        for (var i = 0; i < length-1; i++)
        {
            var temp = gameObjects[i];
            gameObjects[i] = gameObjects[i+1];
            gameObjects[i+1] = temp;
        }
        for (var i = 0; i < length; i++)
        {
            SetPosition(i);
            SetDeepin(i);
        }
    }

    private Vector2 touchFirst = Vector2.zero;      //手指开始按下的位置
    private Vector2 touchSecond = Vector2.zero;     //手指拖动的位置

    void OnGUI()
    {
        if (Event.current.type == EventType.MouseDown)
        {
            touchFirst = Event.current.mousePosition;    //记录手指开始按下的位置
        }
        if (Event.current.type == EventType.MouseUp)
```

```
        {
            touchSecond = Event.current.mousePosition;       //记录手指拖动的位置
            if (touchSecond.x < touchFirst.x)
            {
                OnLeftDrag();                                //向左滑动
            }

            if (touchSecond.x > touchFirst.x)
            {
                OnRightDrag();                               //向右滑动
            }
            touchFirst = touchSecond;
        }
    }
}
```

运行程序，运行结果如图 10-11 所示。

图 10-11　运行结果

10.2.4　效果展示

接下来，将导入项目中的图片附加到 Image 上看一下效果。

（1）设置图片类型。在 Project 视图中找到 UI 文件夹，选择该文件夹下的所有文件，在 Inspector 视图中，设置 Texture Type 为 Sprite（2D and UI），将 Sprite Mode 设置为 Single，单击 Apply 按钮即可，如图 10-12 所示。

（2）在 Hierarchy 视图中选中 Image 对象，将 Project 视图的 Assets→UI 文件夹中的图片拖入 Image 组件的 Source Image 卡槽中，如图 10-13 所示。

（3）用同样的操作，将其他图片拖入不同 Image 对象的 Image 组件的 Source Image 卡槽中。

（4）运行程序，运行结果如图 10-14 所示。

图 10-12　设置图片类型

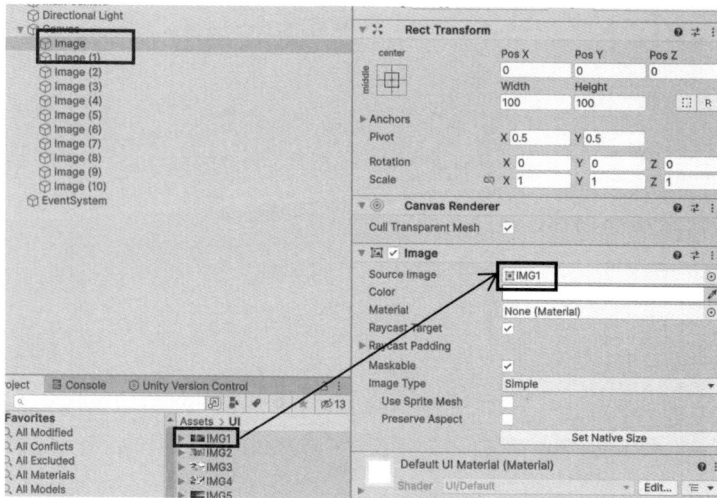

图 10-13　设置图片

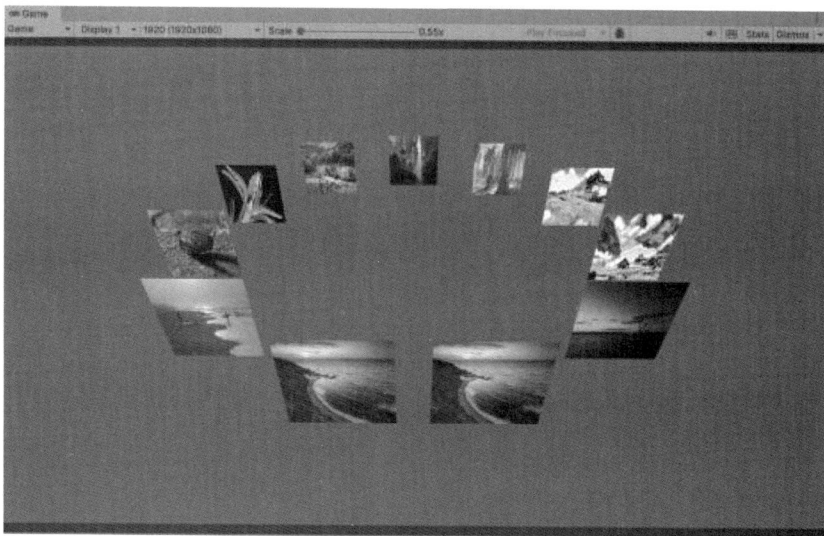

图 10-14　运行结果

10.3　总结及习题

10.3.1　本章小结

本章基于 Unity 编辑器实现了一个具有动态交互效果的 3D 照片墙，即利用三维技术将照片以三维形式展示出来，不仅增强了照片的立体感，还通过不同角度的观察方式提高了交互性。

首先设置了 Canvas 的渲染模式，然后新建了几个 Image，通过更改物体的深度和位置使其在界面上以 3D 效果排列。

至于交互，使用 DOTween 插件实现了动画平滑处理。

10.3.2 课后习题

虽然 3D 照片墙的基本效果实现了，但是想要实现更加美观的效果还需要一些努力，如美化和添加 3D 效果。另外，本案例的交互性比较少，请读者试着使用前面章节学习的内容来实现与照片进行互动，如旋转、缩放、单击放大等。

第 11 章　使用 Unity 实现接入 ChatGPT

ChatGPT 是一个基于 GPT（Generative Pre-trained Transformer）模型的聊天机器人，能够理解和生成自然语言。它通过预训练和微调，在多种语言任务上表现出色，包括文本生成、问答、摘要等。

ChatGPT 能够理解和生成自然语言，与人类流畅地进行对话交流，协助人类完成系列任务，如写邮件、视频脚本、文案、翻译、代码等。

在 Unity 中接入 ChatGPT，可以充分利用 ChatGPT 的强大功能打造一个智能聊天机器人或其他交互式应用。

11.1　ChatGPT

本节将详细了解 ChatGPT 以及如何在 Unity 中接入 ChatGPT。

11.1.1　ChatGPT 简介

ChatGPT 是一款由 OpenAI 发布的人工聊天机器人，全称是 Chat Generative Pre-trained Transformer，即基于生成式预训练变换器的聊天机器人。

Chat 代表"聊天"，表明该模型的主要功能是进行对话交流。

Generative 代表"生成式"，表明该模型能够生成新的文本内容。

Pre-trained 代表"预训练"，表明该模型在发布之前已经在大规模数据集上进行了训练，已具备处理各种任务的能力。

Transformer 是一种深度学习模型，用于处理自然语言任务，如语言翻译、问答和文本摘要等。

11.1.2　应用场景

- 教育：在某些测试环境下，ChatGPT 在教育、考试、回答测试问题方面的表现甚至优于普通人类测试者。例如，它可以用鲁迅的文风进行文字创作，或者帮助解决学习中的难题。
- 投行：ChatGPT 可能会成为投行领域一个强大的研究工具，它可以收集和分析大量客户数据，并从中提出建议。例如，它能够识别需要筹集资金或可能成为收购对象的公司。
- 媒体创作：ChatGPT 可以在文学、媒体相关领域进行创作，包含创作音乐、电视剧、童话故事、诗歌和歌词等。

11.1.3　设计思路

接下来介绍设计思路。

（1）准备一个 Unity 项目。

（2）获取 ChatGPT API。

（3）创建网络请求。

（4）解析和显示回答。

（5）设置用户界面。

（6）增加交互逻辑。

11.2　实　现　过　程

本节将介绍在 Unity 中接入 ChatGPT 的流程。

11.2.1　新建项目

打开 Unity Hub，新建项目，编辑器版本选择 Unity 2022.3.57f1c2，输入项目名称，单击"创建项目"按钮，如图 11-1 所示。

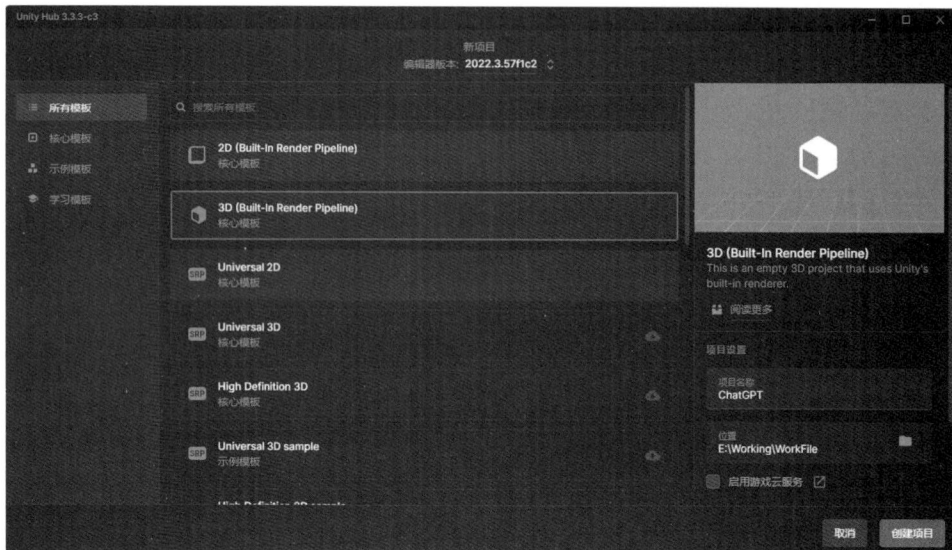

图 11-1　新建项目

11.2.2　获取 ChatGPT 的请求 key

（1）登录 OpenAI 官网，单击 Products→API login 链接，注册账号登录，如图 11-2 所示。

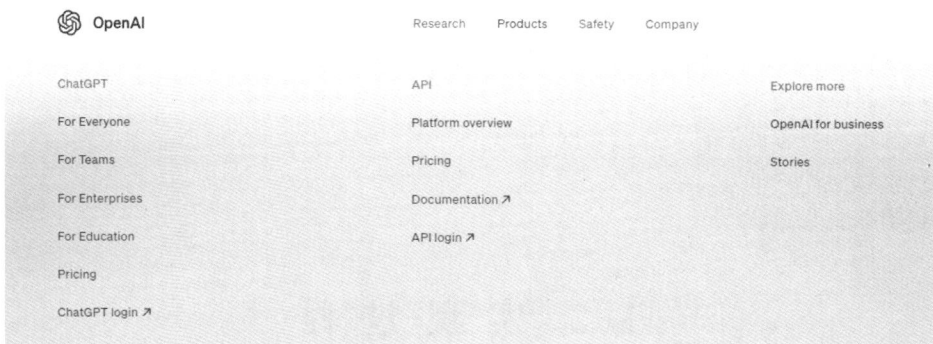

图 11-2　进入 OpenAI 官网

（2）登录后，自动进入后台管理页面（https://platform.openai.com/api-keys），单击 Create new secret key 按钮新建一个 key，如图 11-3 所示。

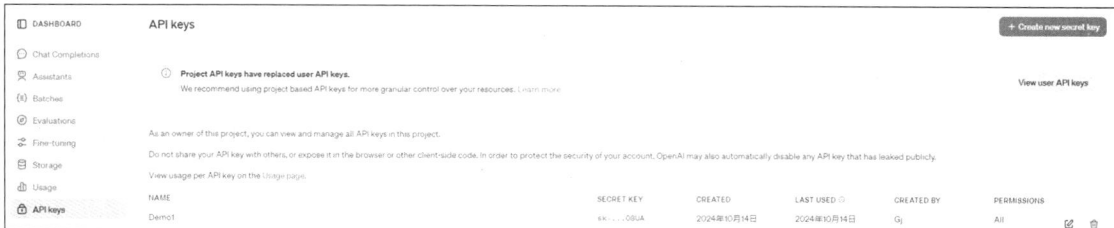

图 11-3　新建 key

（3）创建完成后，单击 View user API keys 按钮，就可以看到自己的 key 了，将这个 key 保存下来，后面会用到。

11.2.3 创建网络请求

下面使用 Unity 的 UnityWebRequest 实现一个与 ChatGPT 通信的类，然后通过这个类实现发送 Post 请求和接收 ChatGPT 返回的信息。

首先，定义向 ChatGPT 发送的信息的数据结构，参考代码 11-1。

代码 11-1　定义向 ChatGPT 发送的信息的数据结构

```
{
  "messages": [
    {
      "role": "user",
      "content": "你是机器人吗"   //要发送的问题
    }
  ],
  "model": "gpt-3.5-turbo",    //AI 数据模型
  "temperature": 0.7           //默认是 1，数值越大，结果随机性越高
}
```

需要注意的是，messages 是个数组，如果想连续对话，就需要把发送历史保存到这个 messages 数组，gpt 根据发送历史分析上下文，然后给出处理结果。gpt 消耗的 token 不是根据发送请求次数计算，而是聊天历史越多，单次发送请求消耗的 token 越多，所以及时清除历史（新建话题）可以节省 token 消耗。

然后，定义从 ChatGPT 返回的信息的数据结构，参考代码 11-2。

代码 11-2　定义从 ChatGPT 返回的信息的数据结构

```
{
  "id": "chatcmpl-xxxxxxxxxxxxxxxxxx",
  "object": "chat.completion",
  "created": 1678987654,
  "model": "gpt-3.5-turbo-0301",
  "usage": {
    "prompt_tokens": 14,
    "completion_tokens": 23,
    "total_tokens": 37
  },
  "choices": [
    {
      "message": {
        "role": "assistant",
        "content": "\n\n是的，我是一个 AI 语言模型，也可以被称为机器人。"   //得到的回复
      },
      "finish_reason": "stop",
      "index": 0
    }
  ]
}
```

接下来，使用 UnityWebRequest 发送 Post 请求，参考代码 11-3。

代码 11-3　使用 UnityWebRequest 发送 Post 请求

```
///<summary>
///请求 ChatGPT
///</summary>
///<param name="input"></param>
///<param name="onComplete"></param>
///<param name="onProgressUpdate"></param>
///<returns></returns>
 private IEnumerator Request(string input, Action<bool, string> onComplete, Action<float>
onProgressUpdate)
 {
     var msg = new Message()
     {
        role = UserId,
        content = input,
     };
     requestData.AppendChat(msg);
     messageHistory.Add(msg);

     //请求 ChatGPT
     using (webRequest = new UnityWebRequest(ChatgptUrl, "POST"))
     {
         var jsonDt = JsonConvert.SerializeObject(requestData);
         Debug.Log(jsonDt);
         byte[] bodyRaw = Encoding.UTF8.GetBytes(jsonDt);
         webRequest.uploadHandler = new UploadHandlerRaw(bodyRaw);
         webRequest.downloadHandler = new DownloadHandlerBuffer();
         webRequest.SetRequestHeader("Content-Type", "application/json");
         webRequest.SetRequestHeader("Authorization", $"Bearer {this.ApiKey}");
         webRequest.certificateHandler = new ChatGPTWebRequestCert();
         var req = webRequest.SendWebRequest();
         while (!webRequest.isDone)
         {
             onProgressUpdate?.Invoke((webRequest.downloadProgress + webRequest.uploadProgress)
             / 2f);
             yield return null;
         }

         if (webRequest.result != UnityWebRequest.Result.Success)
         {
             Debug.LogError($"---------ChatGPT 请求失败:{webRequest.error}---------");
             onComplete?.Invoke(false, string.Empty);
         }
         else
         {
             var json = webRequest.downloadHandler.text;
             Debug.Log(json);
             try
             {
                 //解析返回数据
                 ChatCompletion result = JsonConvert.DeserializeObject<ChatCompletion>(json);
```

```
                int lastChoiceIdx = result.choices.Count - 1;
                var replyMsg = result.choices[lastChoiceIdx].message;
                replyMsg.content = replyMsg.content.Trim();
                messageHistory.Add(replyMsg);
                onComplete?.Invoke(true, replyMsg.content);
            }
            catch (System.Exception e)
            {
                Debug.LogError($"---------ChatGPT 返回数据解析失败:{e.Message}---------");
                onComplete?.Invoke(false, e.Message);
            }
        }
        webRequest.Dispose();
        webRequest = null;
    }
}
```

以上就是向 ChatGPT 发送请求并接收回复的核心代码。

下面需要设置自定义验证类，直接跳过验证返回 true，参考代码 11-4。

代码 11-4　自定义验证类

```
///<summary>
///用于处理 ChatGPT 请求的证书问题
///</summary>
class ChatGPTWebRequestCert: UnityEngine.Networking.CertificateHandler
{
    ///<summary>
    ///自定义证书验证
    ///</summary>
    ///<param name="certificateData"></param>
    ///<returns></returns>
    protected override bool ValidateCertificate(byte[] certificateData)
    {
        //return base.ValidateCertificate(certificateData);
        return true;
    }
}
```

然后为 UnityWebRequest 实例指定验证 Handler。

```
WebRequest.certificateHandler = new ChatGPTWebRequestCert();
```

再次运行就能正常接收数据了。

完整代码参考代码 11-5。

代码 11-5　请求 ChatGPT 并返回数据及数据结构代码

```
using Newtonsoft.Json;
using System;
using System.Collections;
using System.Collections.Generic;
using System.Text;
using System.Threading.Tasks;
using Unity.EditorCoroutines.Editor;
using UnityEditor;
```

Unity 开发案例全书（微课视频版）

```csharp
using UnityEngine;
using UnityEngine.Networking;


public class ChatGPT
{
    //ChatGPT API 地址
    const string ChatgptUrl = "https://api.openai.com/v1/chat/completions";
    //ChatGPT API Key
    const string DefaultAPIKey = "替换自己的 ChatGPT API Key";
    //ChatGPT 默认模型
    const string DefaultModel = "gpt-3.5-turbo";
    //ChatGPT 默认温度
    const float DefaultTemperature = 0;
    //ChatGPT 默认用户 ID
    const string DefaultUserId = "user";
    //ChatGPT API Key
    string ApiKey;
    //ChatGPT 用户 ID
    string UserId;
    //聊天历史
    List<Message> messageHistory;
    //聊天历史
    public List<Message> MessageHistory => messageHistory;
    //请求数据
    ChatGPTRequestData requestData;
    //请求数据
    UnityWebRequest webRequest;
    //请求超时时间
    int mRequestTimeout = 60;
    //请求超时时间
    public int RequestTimeout { get => mRequestTimeout; set => mRequestTimeout =
    Mathf.Max(value, 30); }
    //ChatGPT 温度
    public float ChatGPTRandomness { get => requestData.temperature; set
    { requestData.temperature = Mathf.Clamp(value, 0, 2); } }
    //是否正在请求
    public bool IsRequesting => webRequest != null && !webRequest.isDone;
    //请求进度
    public float RequestProgress => IsRequesting ? (webRequest.uploadProgress +
    webRequest.downloadProgress) / 2f : 0f;

    ///<summary>
    ///构造函数
    ///</summary>
    ///<param name="apiKey"></param>
    ///<param name="userId"></param>
    ///<param name="model"></param>
    ///<param name="temperature"></param>
    public ChatGPT(string apiKey = DefaultAPIKey, string userId = DefaultUserId, string
    model = DefaultModel, float temperature = DefaultTemperature)
    {
        this.ApiKey = apiKey;
        this.UserId = string.IsNullOrWhiteSpace(userId) ? DefaultUserId : userId;
```

```csharp
        messageHistory = new List<Message>();
        requestData = new ChatGPTRequestData(model, temperature);
    }

    ///<summary>
    ///设置 API Key
    ///</summary>
    ///<param name="str"></param>
    public void SetAPIKey(string str)
    {
        this.ApiKey = str;
    }

    ///<summary>
    ///接着上次的话题
    ///</summary>
    public void RestoreChatHistory()
    {
        var chatHistoryJson = EditorPrefs.GetString("ChatGPT.Settings.ChatHistory",
        string.Empty);
        var requestDataJson = EditorPrefs.GetString("ChatGPT.Settings.RequestData",
        string.Empty);
        //存在聊天历史，恢复聊天历史
        if (!string.IsNullOrEmpty(chatHistoryJson))
        {
            var jsonObj = JsonConvert.DeserializeObject<ChatGPTRequestData>(requestDataJson);
            if (jsonObj != null)
            {
                requestData.messages = jsonObj.messages;
            }
        }
        //存在请求数据，恢复请求数据
        if (!string.IsNullOrEmpty(requestDataJson))
        {
            var jsonObj = JsonConvert.DeserializeObject<List<Message>>(chatHistoryJson);
            if (jsonObj != null)
            {
                messageHistory = jsonObj;
            }
        }
    }

    ///<summary>
    ///保存聊天历史
    ///</summary>
    public void SaveChatHistory()
    {
        var chatHistoryJson = JsonConvert.SerializeObject(messageHistory);
        var requestDataJson = JsonConvert.SerializeObject(requestData);
        EditorPrefs.SetString("ChatGPT.Settings.ChatHistory", chatHistoryJson);
        EditorPrefs.SetString("ChatGPT.Settings.RequestData", requestDataJson);
    }

    ///<summary>
```

```
///发送消息
///</summary>
///<param name="message"></param>
///<param name="onComplete"></param>
///<param name="onProgressUpdate"></param>
public void Send(string message, Action<bool, string> onComplete = null, Action<float>
onProgressUpdate = null)
{
    EditorCoroutineUtility.StartCoroutine(Request(message, onComplete,
    onProgressUpdate), this);
}

///<summary>
///异步发送消息
///</summary>
///<param name="message"></param>
///<returns></returns>
public async Task<string> SendAsync(string message)
{
    bool isCompleted = false;
    string result = string.Empty;
    //定义回调函数
    Action<bool, string> onComplete = (success, str) =>
    {
        isCompleted = true;
        if (success) result = str;
    };

    //发送消息
    EditorCoroutineUtility.StartCoroutine(Request(message, onComplete, null), this);
    while (!isCompleted)
    {
        await Task.Delay(10);
    }
    return result;
}

///<summary>
///请求 ChatGPT
///</summary>
///<param name="input"></param>
///<param name="onComplete"></param>
///<param name="onProgressUpdate"></param>
///<returns></returns>
private IEnumerator Request(string input, Action<bool, string> onComplete,
Action<float> onProgressUpdate)
{
    var msg = new Message()
    {
        role = UserId,
        content = input,
    };
    requestData.AppendChat(msg);
    messageHistory.Add(msg);
```

```
        //请求 ChatGPT
        using (webRequest = new UnityWebRequest(ChatgptUrl, "POST"))
        {
            var jsonDt = JsonConvert.SerializeObject(requestData);
            Debug.Log(jsonDt);
            byte[] bodyRaw = Encoding.UTF8.GetBytes(jsonDt);
            webRequest.uploadHandler = new UploadHandlerRaw(bodyRaw);
            webRequest.downloadHandler = new DownloadHandlerBuffer();
            webRequest.SetRequestHeader("Content-Type", "application/json");
            webRequest.SetRequestHeader("Authorization", $"Bearer {this.ApiKey}");
            webRequest.certificateHandler = new ChatGPTWebRequestCert();
            var req = webRequest.SendWebRequest();
            while (!webRequest.isDone)
            {
                onProgressUpdate?.Invoke((webRequest.downloadProgress +
                webRequest.uploadProgress) / 2f);
                yield return null;
            }

            if (webRequest.result != UnityWebRequest.Result.Success)
            {
                Debug.LogError($"---------ChatGPT 请求失败:{webRequest.error}---------");
                onComplete?.Invoke(false, string.Empty);
            }
            else
            {
                var json = webRequest.downloadHandler.text;
                Debug.Log(json);
                try
                {
                    //解析返回数据
                    ChatCompletion result = JsonConvert.DeserializeObject<ChatCompletion>(json);
                    int lastChoiceIdx = result.choices.Count - 1;
                    var replyMsg = result.choices[lastChoiceIdx].message;
                    replyMsg.content = replyMsg.content.Trim();
                    messageHistory.Add(replyMsg);
                    onComplete?.Invoke(true, replyMsg.content);
                }
                catch (System.Exception e)
                {
                    Debug.LogError($"---------ChatGPT 返回数据解析失败:{e.Message}---------");
                    onComplete?.Invoke(false, e.Message);
                }
            }
            webRequest.Dispose();
            webRequest = null;
        }
    }

    ///<summary>
    ///新建一个话题
    ///</summary>
    public void NewChat()
```

```
    {
        requestData.ClearChat();
        messageHistory.Clear();
    }

    ///<summary>
    ///是否是自己的消息
    ///</summary>
    ///<param name="msg"></param>
    ///<returns></returns>
    public bool IsSelfMessage(Message msg)
    {
        return this.UserId.CompareTo(msg.role) == 0;
    }
}

///<summary>
///ChatGPT 请求数据结构
///</summary>
class ChatGPTRequestData
{
    public List<Message> messages;
    public string model;
    public float temperature;

    ///<summary>
    ///构造函数
    ///</summary>
    ///<param name="model"></param>
    ///<param name="temper"></param>
    public ChatGPTRequestData(string model, float temper)
    {
        this.model = model;
        this.temperature = temper;
        this.messages = new List<Message>();
    }

    ///<summary>
    ///同一话题追加会话内容
    ///</summary>
    ///<param name="chatMsg"></param>
    ///<returns></returns>
    public ChatGPTRequestData AppendChat(Message msg)
    {
        this.messages.Add(msg);
        return this;
    }
    ///<summary>
    ///清除聊天历史（结束一个话题），相当于新建一个聊天话题
    ///</summary>
    public void ClearChat()
    {
        this.messages.Clear();
    }
```

```
    }

    ///<summary>
    ///用于处理 ChatGPT 请求的证书问题
    ///</summary>
    class ChatGPTWebRequestCert : UnityEngine.Networking.CertificateHandler
    {
        ///<summary>
        ///自定义证书验证
        ///</summary>
        ///<param name="certificateData"></param>
        ///<returns></returns>
        protected override bool ValidateCertificate(byte[] certificateData)
        {
            //return base.ValidateCertificate(certificateData);
            return true;
        }
    }

    ///<summary>
    ///发送数据内容结构
    ///</summary>
    public class Message
    {
        //发送者
        public string role;
        //发送内容
        public string content;
    }

    ///<summary>
    ///ChatGPT 返回数据结构
    ///</summary>
    class ChatCompletion
    {
        public string id;
        public string @object;
        public int created;
        public string model;
        public Usage usage;
        public List<Choice> choices;
    }

    ///<summary>
    ///ChatGPT 返回数据结构
    ///</summary>
    class Usage
    {
        //请求的 token
        public int prompt_tokens;
        //完成的 token
        public int completion_tokens;
        //总 token
        public int total_tokens;
```

```
    }

    ///<summary>
    ///发送数据的数据结构
    ///</summary>
    class Choice
    {
        //返回的消息
        public Message message;
        public string finish_reason;
        public int index;
    }
```

接下来，就需要发送问题，然后获取结果并显示出来。

11.2.4 显示回答

使用异步获取结果，伪代码示例如下：

```
new ChatGPT().Send("你好", (success, message) => { if (success) Debug.Log(message); },
requestProgress =>
{
    Debug.Log($"Request progress:{requestProgress}");
});
```

11.2.5 实现 ChatGPT 聊天功能

本小节基于上面的 ChatGPT 类实现一个 ChatGPT 聊天窗口。

聊天窗口功能设计：

（1）需要一个滚动列表展示双方对话记录，对话文本内容支持选择复制。

（2）问题输入框和发送按钮、新建话题（清除话题对话）。

接下来，实现对话历史存档功能，参考代码 11-6。

代码 11-6 对话历史存档功能

```
using System;
using System.Diagnostics;
using UnityEditor;
using UnityEngine;
using UnityEngine.UIElements;


public class ChatGPTWindow: EditorWindow
{
    //窗口滚动位置
    Vector2 scrollPos = Vector2.zero;
    //ChatGPT
    ChatGPT ai;
    //设置展开
    private bool settingFoldout = false;
    //消息
    string message;
    //AI 角色名称
```

```csharp
const string aiRoleName = "AI";
//聊天框宽度比例
private float chatBoxWidthRatio = 0.85f;
//图标大小比例
private float iconSizeRatio = 0.6f;
//聊天框内边距
private float chatBoxPadding = 20;
//聊天框外边距
private float chatBoxEdgePadding = 10;

//自己的聊天框样式
GUIStyle myChatStyle;
//AI 聊天框样式
GUIStyle aiChatStyle;

//AI 图标样式
GUIStyle aiIconStyle;
//自己的图标样式
GUIStyle myIconStyle;
//文本框样式
GUIStyle txtAreaStyle;
//会话内容
GUIContent chatContent;

//编辑器是否初始化
bool isEditorInitialized = false;
//滚动视图高度
private float scrollViewHeight;
//API Key
string myApiKey;

///<summary>
///菜单项
///</summary>
[MenuItem("ChatGPT/ChatGPT Window2")]
static void ChatGPTMenu()
{
    var win = GetWindow<ChatGPTWindow>("ChatGPT");
    win.Show();
}

///<summary>
///当窗口启用时调用此函数
///</summary>
private void OnEnable()
{
    EditorApplication.update += OnEditorUpdate;
    myApiKey = EditorPrefs.GetString("ChatGPT.Settings.APIKey", null);
    ai = new ChatGPT(myApiKey);
    ai.ChatGPTRandomness = EditorPrefs.GetFloat("ChatGPT.Settings.Temperature", 0f);
    chatContent = new GUIContent();
    ai.RestoreChatHistory();
}
```

11

```
///<summary>
///当编辑器更新时调用此函数
///</summary>
private void OnEditorUpdate()
{
    if (EditorApplication.isCompiling || EditorApplication.isUpdating)
    {
        return;
    }
    try
    {
        InitGUIStyles();
        isEditorInitialized = true;
        EditorApplication.update -= OnEditorUpdate;
    }
    catch (Exception e)
    {
        Debug.Log("更新出现错误，"+ e);
    }
}


///<summary>
///初始化 GUI 样式
///</summary>
private void InitGUIStyles()
{
    //初始化 AI 聊天框样式
    aiChatStyle = new GUIStyle(EditorStyles.selectionRect);
    aiChatStyle.wordWrap = true;
    aiChatStyle.normal.textColor = Color.white;
    aiChatStyle.fontSize = 18;
    aiChatStyle.alignment = TextAnchor.MiddleLeft;

    //初始化自己的聊天框样式
    myChatStyle = new GUIStyle(EditorStyles.helpBox);
    myChatStyle.wordWrap = true;
    myChatStyle.normal.textColor = Color.white;
    myChatStyle.fontSize = 18;
    myChatStyle.alignment = TextAnchor.MiddleLeft;

    //初始化文本框样式
    txtAreaStyle = new GUIStyle(EditorStyles.textArea);
    txtAreaStyle.fontSize = 18;

    //初始化 AI 图标样式
    aiIconStyle = new GUIStyle();
    aiIconStyle.wordWrap = true;
    aiIconStyle.alignment = TextAnchor.MiddleCenter;
    aiIconStyle.fontSize = 18;
    aiIconStyle.fontStyle = FontStyle.Bold;
    aiIconStyle.normal.textColor = Color.black;
    aiIconStyle.normal.background = EditorGUIUtility.FindTexture
    ("sv_icon_dot5_pix16_gizmo");
```

```
    //初始化自己的图标样式
    myIconStyle = new GUIStyle(aiIconStyle);
    myIconStyle.normal.background = EditorGUIUtility.FindTexture("sv_icon_dot2_pix16_gizmo");
}


///<summary>
///当窗口禁用时调用此函数
///</summary>
private void OnDisable()
{
    ai.SaveChatHistory();
}


///<summary>
///当窗口启用后每帧调用此函数，更新 GUI
///</summary>
private void OnGUI()
{
    if (!isEditorInitialized) return;
    EditorGUILayout.BeginVertical();
    {
        //绘制滚动视图
        scrollPos = EditorGUILayout.BeginScrollView(scrollPos);
        {
            scrollViewHeight = 0;
            foreach (var msg in ai.MessageHistory)
            {
                var msgRect = EditorGUILayout.BeginVertical();
                {
                    EditorGUILayout.BeginHorizontal();
                    {
                        //判断是否是自己的消息
                        bool isMyMsg = ai.IsSelfMessage(msg);
                        var labelStyle = isMyMsg ? myChatStyle : aiChatStyle;
                        chatContent.text = msg.content;
                        float chatBoxWidth = this.position.width * chatBoxWidthRatio;
                        float iconSize = (this.position.width - chatBoxWidth) * iconSizeRatio;
                        float chatBoxHeight = Mathf.Max(iconSize, chatBoxEdgePadding +
                        labelStyle.CalcHeight(chatContent, chatBoxWidth -
                        chatBoxEdgePadding));
                        //是自己的消息，绘制自己的消息内容及图标
                        if (isMyMsg) { GUILayout.FlexibleSpace(); }
                        else
                        {
                            EditorGUILayout.LabelField(aiRoleName, aiIconStyle,
                            GUILayout.Width(iconSize), GUILayout.Height(iconSize));
                        }
                        EditorGUILayout.SelectableLabel(msg.content, labelStyle,
                        GUILayout.Width(chatBoxWidth), GUILayout.Height(chatBoxHeight));
                        //不是自己的消息，绘制 AI 的消息内容及图标
                        if (!isMyMsg) { GUILayout.FlexibleSpace(); }
                        else
                        {
                            EditorGUILayout.LabelField(msg.role, myIconStyle,
```

```
                              GUILayout.Width(iconSize), GUILayout.Height(iconSize));
                    }
                    EditorGUILayout.EndHorizontal();
                }
                EditorGUILayout.EndVertical();
            }
            //绘制消息之间的间隔
            EditorGUILayout.Space(chatBoxPadding);
            scrollViewHeight += msgRect.height;
        }
        EditorGUILayout.EndScrollView();
    }

    //AI 的请求进度
    if (ai.IsRequesting)
    {
        var barWidth = position.width * 0.8f;
        var pBarRect = new Rect((position.width - barWidth) * 0.5f, (position.height
        - 30f) * 0.5f, barWidth, 30f);
        EditorGUI.ProgressBar(pBarRect, ai.RequestProgress, $"请求进度:
        {ai.RequestProgress:P2}");
    }
    GUILayout.FlexibleSpace();
    //展开设置项
    if (settingFoldout = EditorGUILayout.Foldout(settingFoldout, "展开设置项:"))
    {
        EditorGUILayout.BeginVertical("box");
        {
            EditorGUILayout.BeginHorizontal();
            {
                //版本区分，2021.1 及以上版本支持 LinkButton
                #if UNITY_2021_1_OR_NEWER
                if (EditorGUILayout.LinkButton("Get API Key:", GUILayout.Width(170)))
                #else
                //2020.3 及以下版本使用 Button
                if (GUILayout.Button("Get API Key:", GUILayout.Width(170)))
                #endif
                {
                    Application.OpenURL("https://platform.openai.com/account/api-keys");
                }
                EditorGUI.BeginChangeCheck();
                {
                    //输入 API Key
                    myApiKey = EditorGUILayout.PasswordField(myApiKey);
                    if (EditorGUI.EndChangeCheck())
                    {
                        //保存 API Key
                        ai.SetAPIKey(myApiKey);
                    }
                }
                EditorGUILayout.EndHorizontal();
            }

            //设置 AI 的温度来控制结果的随机性
```

```
            EditorGUILayout.BeginHorizontal();
            {
                EditorGUILayout.LabelField("结果随机性:", GUILayout.Width(170));
                ai.ChatGPTRandomness = EditorGUILayout.Slider
                (ai.ChatGPTRandomness, 0, 2);
                EditorGUILayout.EndHorizontal();
            }

            //设置超时时间
            EditorGUILayout.BeginHorizontal();
            {
                EditorGUILayout.LabelField("返回超时时间:", GUILayout.Width(170));
                ai.RequestTimeout = EditorGUILayout.IntSlider(ai.RequestTimeout,
                30, 120);
                EditorGUILayout.EndHorizontal();
            }
            EditorGUILayout.EndVertical();
        }

    }

    //绘制输入框
    EditorGUILayout.BeginHorizontal();
    {
        message = EditorGUILayout.TextArea(message, txtAreaStyle,
        GUILayout.MinHeight(80));

        EditorGUI.BeginDisabledGroup(ai.IsRequesting);
        {
            //发送消息
            if (GUILayout.Button("发送消息", GUILayout.MaxWidth(120),
            GUILayout.Height(80)))
            {
                if (!string.IsNullOrWhiteSpace(message))
                {
                    ai.Send(message, OnChatGPTMessage);
                }
            }

            //新话题
            if (GUILayout.Button("新话题", GUILayout.MaxWidth(80),
            GUILayout.Height(80)))
            {
                ai.NewChat();
            }
            EditorGUI.EndDisabledGroup();
        }

        EditorGUILayout.EndHorizontal();
    }
    EditorGUILayout.EndVertical();
}
}
```

```
///<summary>
///当接收到 ChatGPT 消息时调用此函数
///</summary>
///<param name="arg1"></param>
///<param name="arg2"></param>
private void OnChatGPTMessage(bool arg1, string arg2)
{
    scrollPos.y = scrollViewHeight;
    if (arg1)
    {
        message = string.Empty;
    }
    Repaint();
}
```

代码编译完成后，Unity 的菜单栏中会添加这个工具菜单（见图 11-4），选择 ChatGPT→ChatGPT Window 命令，即可弹出 ChatGPT 对话界面，如图 11-5 所示。

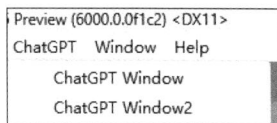

图 11-4 工具菜单

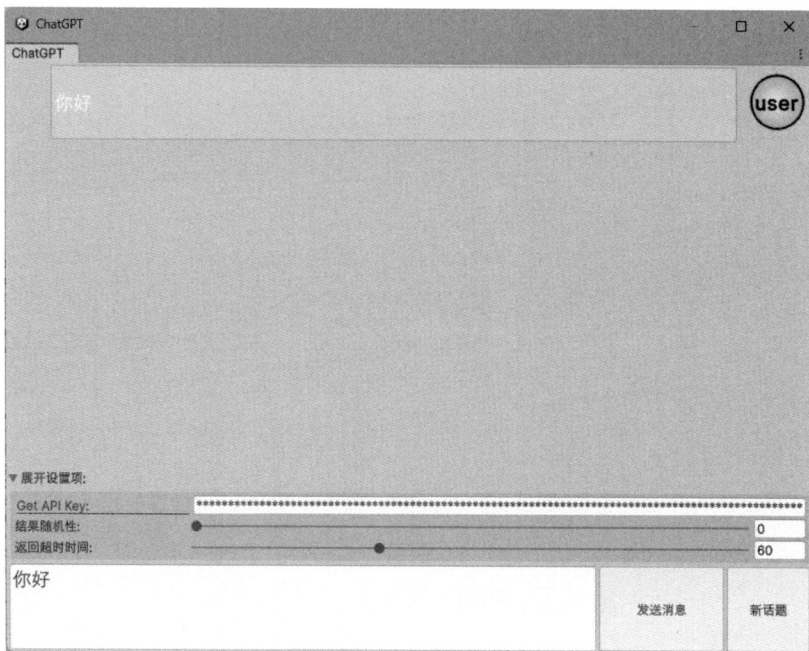

图 11-5 ChatGPT 对话界面

11.2.6 运行程序

将 10.2.2 小节中获取的 key 复制粘贴到 Get API Key 输入框中，然后就可以运行程序进行对话了，如图 11-6 所示。

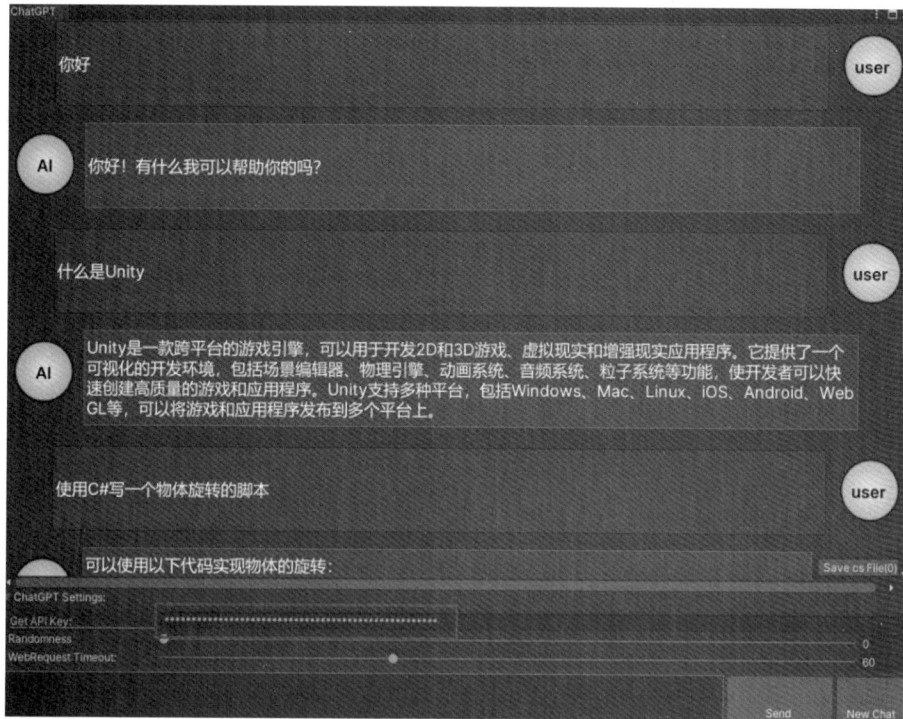

图 11-6　对话界面

11.3　总结及习题

11.3.1　本章小结

本章使用 Unity 实现了接入 ChatGPT，并基于 ChatGPT 接口制作了一个聊天对话程序，即实现了 ChatGPT 聊天功能。

11.3.2　课后习题

在 Unity 中接入 ChatGPT 的流程是不是很简单呢？读者可以根据实现过程，自己动手实现。